U0005476

圖解版

有趣到睡不著

趣味蛋白質

監修

立命館大學運動健康科學系教授

藤田 聰

Satoshi Fujita

晨星出版

前言

不論是誰都曾嘗試過的減重，可以說是一種永遠存在的煩惱……。

應該有不少人曾經嘗試過那種有點偏激的減重法吧？像是為了短時間能瘦下來，所以連續3天只喝水過活、每頓飲食都只吃蔬菜、想要靠著號稱「只要吃了這個就能瘦下來」的營養補充品來減重等。

這些錯誤減重法的後果，往往都是一旦恢復原有的飲食量後，就會變得比減重前更重，或是身體變得很難瘦下來等，只有負面的結果在等著你而已。

想要打造出容易瘦下來且不易復胖的身體，重點不在於「哪些食物不能吃」，而是在於「應該要吃哪些食物」。

而對於身體特別重要的營養素，就是「蛋白質」。

人體內的蛋白質占了體重的30%～40%左右，負責維持身體的機能、產熱，以及組成我們的身體，肌肉、血管、皮膚、頭髮、指甲等部分也都是蛋白質構成的。

成人1天所需的蛋白質量約為60公克，所以每一餐應該要確實攝取到20公克的蛋白質。近年來雖然有愈來愈多人因為健康或美容的因素而開始慢跑或上健身房運動，但若是沒有攝取到足夠的蛋白質，這些努力的行為很可能都會變得毫無意義。這是因為想要擁有漂亮的身體曲線，或者是想要擁有健康而強健的身體，蛋白質都可說是我們最強的夥伴。

本書將會以淺顯易懂的方式為各位說明各種出乎意料、不為人知的蛋白質基本知識、有效率的攝取方法，以及成功瘦身的飲食法等內容。

如果能幫助大家更加了解蛋白質的知識，並且對大家的美容及健康有所幫助的話，那就是筆者最開心的事了。

立命館大學運動健康科學系教授　**藤田聰**

第2章　美容與健康不可或缺的最強蛋白質！

第3章 每天從飲食中攝取蛋白質的訣竅

第4章 蛋白質的實用小知識

第1章

想要變瘦
就一定需要蛋白質

構成身體的最重要營養素「蛋白質」

構成身體及維持身體機能的原料

蛋白質屬於「三大營養素」之一，與碳水化合物及脂肪並列。那麼蛋白質在我們的體內，到底有什麼作用呢？

蛋白質的主要功能，是構成我們身體組織的原料。**包括肌肉在內，還有血管、內臟、皮膚、頭髮、指甲等，身體的大部分都是由蛋白質構成的，總重量占了體重的30～40%左右。尤其是肌肉，除去水分後有80%都是由蛋白質構成。**此外，血液細胞、荷爾蒙、酵素等維持身體機能的物質，也是以蛋白質為原料。更進一步地，蛋白質也是身體活動的能量來源之一，每1公克的蛋白質可產生4大卡的能量。

那麼，蛋白質在我們的體內是怎麼形成的呢？從飲食中所攝取到的蛋白質，會在體內暫時分解成胺基酸。接下來，則是在全身的各部位再合成具有功能性的蛋白質。這些被合成的蛋白質，數量高達10萬種之多！更驚人的是，這些蛋白質只是由20種胺基酸所形成。透過這20種胺基酸的排列組合，種類眾多、功能各異的蛋白質就這樣產生了，負責執行維持我們生命所需的各項機能。

蛋白質的主要功能

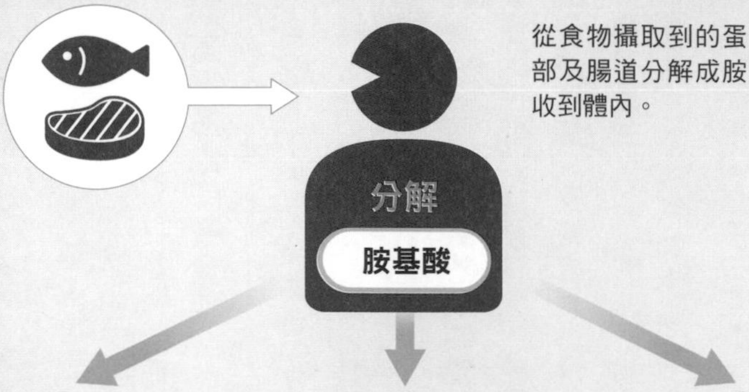

從食物攝取到的蛋白質，在胃部及腸道分解成胺基酸並被吸收到體內。

① 形成肌肉及內臟等器官

蛋白質是構成身體細胞的主要成分，形成肌肉或內臟等器官。這些部位每天都在汰舊換新，因此平時每一餐都需要攝取到適量的蛋白質。

② 是荷爾蒙或酵素的原料

讓內臟正常運作的重要荷爾蒙（例如女性荷爾蒙、生長荷爾蒙）以及酵素〔例如分解脂肪的脂肪酶（Lipase）、分解澱粉的澱粉酶（Amylase）〕，都是以蛋白質為原料製造出來的。

③ 能量來源

每1公克的蛋白質能產生4大卡的能量。不過由於蛋白質是構成身體的重要營養素，過度消耗蛋白質為人體提供能量來源的話會對身體造成危害，必須同時均衡地攝取碳水化合物及脂肪。

蛋白質、胜肽及胺基酸的差異

蛋白質

由50個以上的胺基酸以鏈狀結合而成的物質。

胜肽

由數個～49個的胺基酸連結而成的物質。

胺基酸

蛋白質的最小單位。構成人類身體的胺基酸只有20種。

不管瘦了多少最後都會復胖的原因

僅靠節食變瘦也沒有意義

在想要減重的時候，大部分人想的都是節食減重法。體重減輕的機制就在於攝取的能量（吃下去的量）低於消耗的能量（呼吸等基礎代謝或運動等）。**因此如果想要減重的話，就必須減少飲食量讓攝取的能量減少，或是增加運動量讓消耗的能量增加**，又或者是透過兩者讓能量的收支達到負數才行。

這種想要透過節食減重的想法，以減少多餘的熱量這一點來說是沒有錯的，但**如果就這樣隨意地開始減重的話，別說是減輕體重了，最後等待你的往往是變得比以前更胖的後果。**

節食減重法問題就出在於減少熱量的同時，也減少了蛋白質的攝取量。而由於蛋白質是形成肌肉的原料，所以肌肉的量也會一併減少。

一旦肌肉量減少之後，基礎代謝率也會下降，因此會導致身體不易消脂且容易變胖的體質，結果只要飲食量一回到節食減重前的分量，馬上就會發生復胖的情形……。復胖時增加的都是脂肪，且一度流失的肌肉也無法回復到減重前的模樣。結論就是，想要成功減重不復胖，攝取蛋白質豐富的均衡飲食才是真正的捷徑。

減少蛋白質的減重法會讓肌肉也一起變少

極端地節食減重除了減少脂肪之外連肌肉也會變少，
因此體質會變得很容易復胖。

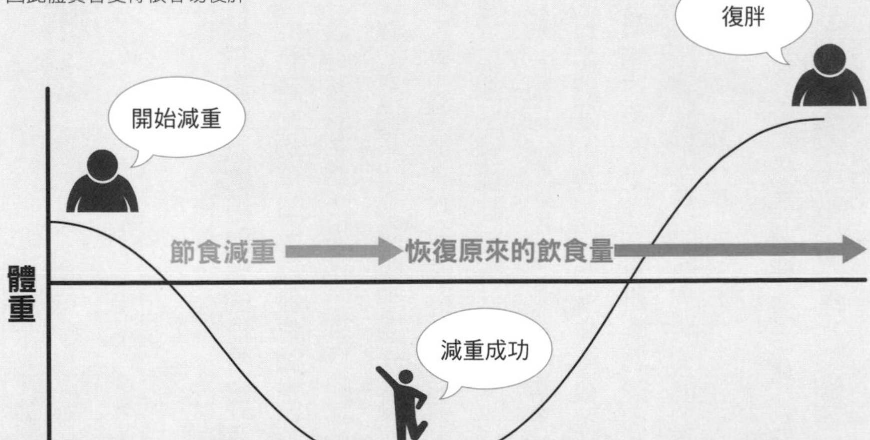

肌肉一旦減少就完全無法變瘦了

提高代謝力是減重的關鍵

或許有不少人認為只要能減輕體重，就算肌肉減少了也沒關係。然而，**肌肉除了負責身體活動及維持姿勢等作用之外，還肩負提升基礎代謝的工作，而這一點在減重方面也很重要。**

首先要請大家複習一下什麼是基礎代謝。所謂的基礎代謝，包括我們心臟或肺臟等器官活動及維持生命等，是生存不可或缺的能量。我們1天所消耗的能量主要可細分為3項，其中占了6～7成的就是基礎代謝，另外還有占了2～3成的運動代謝（包括身體活動時的代謝＋非運動性的身體活動代謝），以及占了1成的飲食相關代謝（DIT）。而**若是將基礎代謝量再細分下來，則可發現其中肌肉所消耗的能量占了整體的20%**。因此全身肌肉一旦因為節食減重而減少的話，就會讓身體的基礎代謝也一併下降，並且變得容易肥胖。反過來說，肝臟或腦部是無法鍛鍊的，所以如果想要提高基礎代謝能力的話，就必須靠維持或增加肌肉量才能辦到。

另外一旦肌肉減少的話，體力也會跟著下降，因此日常的運動量也跟著減少，很可能導致消耗的能量也跟著減少。而且肌肉減少還會讓身體的曲線也跟著變形，於是離理想的體型也就變得愈來愈遠了。

也就是說，為了不要陷入這樣的惡性循環，增加肌肉、提高代謝能力是非常重要的。

肌肉的主要作用

• 產熱、提升代謝

肌肉在沒有使用的時候也會產熱及維持體溫。一旦肌肉量增加，人體產生的熱也會增加，因此對減重也能發揮重要的效果。

一天所消耗的能量比例

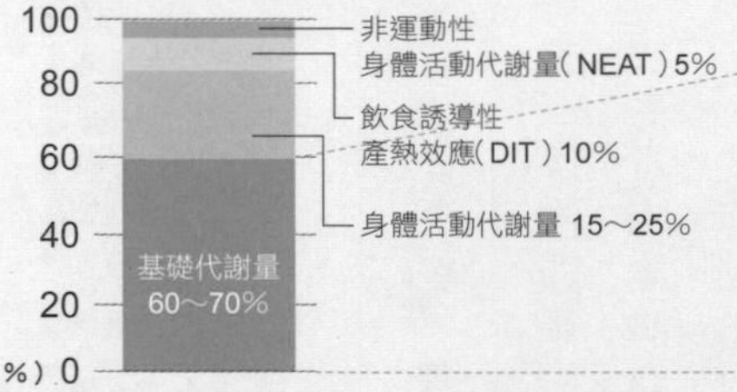

基礎代謝之細項

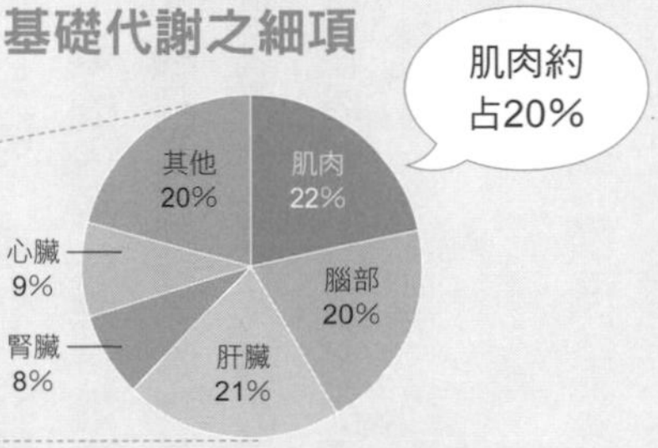

根據日本厚生勞動省「身體活動與能量代謝」／厚生勞動省e–health net「人類臟器、組織之安靜時代謝量」（糸川嘉則等人編輯之《營養學概論 修訂第3版》南江堂，141–164, 2006）改編。

• 身體活動

從拉吊環、下樓梯、點頭等日常生活中的動作，到全身都在活動的運動，肌肉都是這些動作的力量來源。

• 維持身體的姿勢

肌肉有連接骨頭與骨頭並使其穩定的功用。不論是站立還是坐下，肌肉都必須施力來對抗重力、維持身體的姿勢。

• 保護身體

位於腹腔中的內臟，其外側有腹肌與背肌覆蓋，因此肌肉也有保護內臟在受外界衝擊時不會受傷的作用。

• 儲存水分

肌肉就像水桶一樣具有儲存水分的功用，其中含有75～80%的水分。肌肉量少的人即使喝水也不容易將水分留在體內，容易發生脱水的症狀。

• 具有幫浦的作用

心臟輸出的血液要再度回到心臟時，是利用肌肉的舒張與收縮來發揮幫浦的功能，促進血液循環。

• 提升免疫力

免疫細胞會使用一種名為麩醯胺酸（Glutamine）的胺基酸作為能量來源，而麩醯胺酸大量儲存在肌肉內，因此肌肉量增加有助於提升免疫功能。

一旦缺乏蛋白質就會變得容易肥胖

人很難有飽足感，於是就會讓人經常感覺到肚子餓，這種情況對人體來說是一種壓力，會導致之後很容易因為吃太多而引起復胖。另外，**有在定期運動的人也要注意，運動時身體不只會消耗醣類及脂肪作為能量來源，也會分解肌肉來使用。**如果這個時候沒有配合運動量補充蛋白質的話，就算進行的是高強度的運動，反而還可能導致肌肉減少。因此請大家務必參考第65頁所介紹的「自己的蛋白質需求量為多少？」，配合自身狀況確實攝取所需的蛋白質量。

空腹時身體會將胺基酸作為能量來源

為什麼不能因為節食減重而讓蛋白質的攝取量變少呢？首先要從人類在空腹時身體會發生什麼變化來了解其原因。

當身體在空腹狀態時，血液中的糖量（血糖值）雖然會下降，但體內的各種荷爾蒙會為了將血糖值保持在一定的程度而開始進行相關的作用。其中之一就是將肌肉分解並轉換為胺基酸，作為能量來使用。這個時候如果沒有攝取蛋白質到體內的話，就無法形成新的肌肉，於是肌肉就逐漸被分解並釋放到血液中。

在第14頁也已說明得很清楚，肌肉減少會讓基礎代謝下降。而沒有蛋白質的飲食則是讓

蛋白質也會被當作能量來源使用

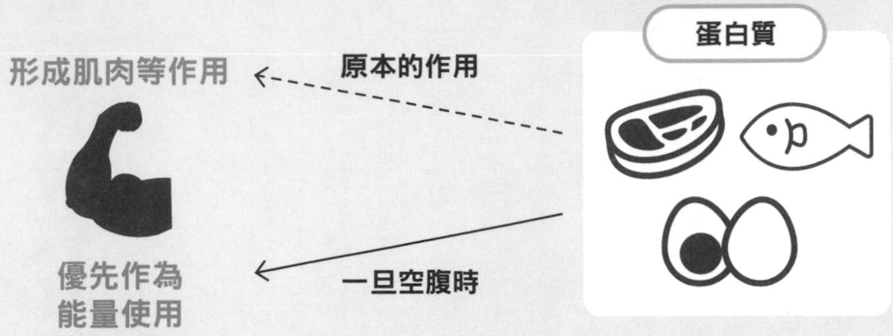

蛋白質原本的功能是構成肌肉及身體的所有組織，可是一旦身體呈現空腹狀態時，蛋白質會轉換成胺基酸，用來穩定體內的血糖值。

有在運動的人特別需要蛋白質

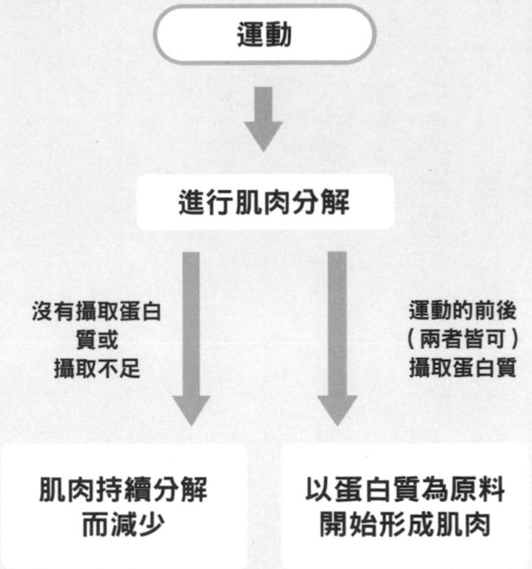

當身體開始進行運動（有氧運動或肌力訓練）時，肌肉就會分解成胺基酸而被利用。如果這個時候沒有將流失的蛋白質補充回來的話，肌肉就會持續地減少下去。

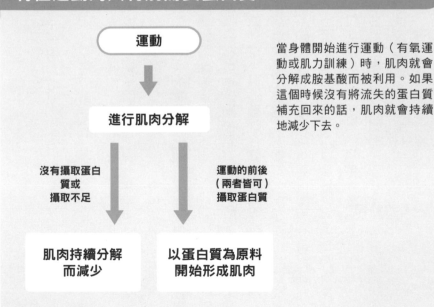

最強的減重飲食法

每餐都一定要攝取蛋白質

想要瘦得漂亮，並不是「只要單純減少飲食量就夠了」。原因就如同前面曾經說明過的，極端地節食減重會讓肌肉大幅減少，導致基礎代謝能力跟著下降，並提高復胖的危險性。理想的減重方式應該是儘量在不減少肌肉量的情況下降低體脂肪。而要達到這個目標，**早、中、晚三餐都攝取到充足的蛋白質是絕對條件。**蛋白質的標準攝取量為每餐20～30公克，換算成食材的話，就是豬腰內肉100公克，或是鯖魚1片的量。**若是以整天的飲食來說，大致上只要能攝取到2～3樣使用了肉類或魚類200公克、雞蛋1～2個、納豆或豆腐等大豆製品的菜色即可。**其中為了能補回在睡眠中分解掉的肌肉，建議於早餐攝取動物性的蛋白質，會更容易長出肌肉。例如吐司＋火腿蛋＋優酪乳等西式早餐就很容易攝取到均衡的蛋白質。

而在選擇性豐富的午餐方面，若是不知道要吃什麼，只要遵守食物中有包含動物性蛋白質的這個原則來挑選店家即可。例如比起加了很多蔬菜的沙拉碗，選擇牛排更能攝取到蛋白質。

至於晚餐，若是沒有在傍晚進行強力運動的話，那麼減少醣類的攝取對於減重就很有效。蛋白質方面則可以回顧一下早餐、中餐吃過的蛋白質後選擇主菜的食材即可。

最強減重食譜！一天的菜單範例

也可以選擇其他食物

搭配 2 種以上的
蛋白質來源食物

日式早餐很容易有蛋白質不足的情況，最好額外加上納豆、雞蛋、起司、牛奶等食物可以讓整頓飯更均衡。

也可以選擇其他食物

不知道要吃什麼的時候
就選擇動物性蛋白質

若是吃義大利麵等麵食的時候，記得選擇配料多的種類。

也可以選擇其他食物

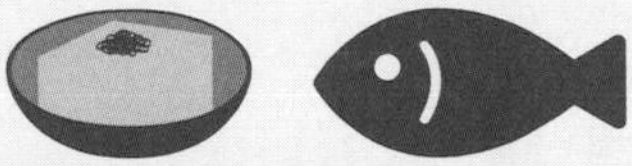

回顧早餐及午餐後選擇其他菜色
來平衡一下

例如早餐及午餐如果吃的是肉類的主菜，那晚餐就可以選擇魚類料理來讓整天的食物更均衡。另一道菜色可選擇大豆產品準備起來更方便。

菜單範例

早餐

- 吐司
- 火腿蛋
- 優酪

吐司加上荷包蛋及火腿，優酪表面的澄清物為乳清蛋白，屬於優質蛋白質，一起攝取更佳。

午餐

- 牛排
- 沙拉
- 白飯（少量）

以含有主菜的套餐式午餐來補充動物性蛋白質。若熱量過多的話，可減少白飯的量來調整醣分的攝取量。

晚餐

- 鋁箔紙烤鮭魚
- 蔬菜湯

活動量不多的夜晚可排除主食減少醣分的攝取量。但取而代之的是要攝取充足的蛋白質。

蛋白質最難轉化成脂肪

蛋白質適合用來減重的原因

當我們攝取到過多的蛋白質時，蛋白質的優點就是比其他的營養素更難轉換為脂肪。脂質或醣分在體內經過消化吸收之後，多餘的部分會轉換為脂肪堆積在體內，儲存作為身體處於飢餓、生病或受傷等緊急狀況時的能量來源。**而蛋白質雖然也有一部分會轉變為脂肪，但幾乎都會被當成能量消耗掉，或是從尿液排出多餘的部分。**因此蛋白質不易形成脂肪，而反過來說，這也是我們每餐都必須攝取蛋白質的理由。

從減重的觀點來看，之所以希望大家能積極攝取蛋白質還有一個原因，那就是在減重過程中，應該有很多人曾有過一吃完飯馬上就覺得肚子餓的痛苦經驗吧！這很有可能就是因為蛋白質攝取不足的緣故。**蛋白質與抑制食慾的荷爾蒙分泌有關，因此能讓人在吃完東西之後比較容易有飽足感。**也因為蛋白質食物比較耐餓，所以可以縮短空腹感的時間，也能夠有效避免吃入過多的食物。

至於蛋白質的來源，由於也有牛排這一類含有大量脂質的高熱量食物，所以對於有在控制熱量的人來說可能會敬而遠之。但是，一旦沒有攝取到適量蛋白質的話，人就會變得容易感到肚子餓，結果反而讓減重無法持續下去，復胖的可能性也提高。

蛋白質不易形成脂肪堆積在體內

我們所攝取的蛋白質在體內被分解成胺基酸後，會以各種不同的形式發揮功用。雖然有一部分會轉換成脂肪儲存在體內，但大部分會轉換為構成肌肉或內臟的身體蛋白質，以及以能量形式被消耗掉，至於無法利用的部分則是從尿液排出，因此無法累積在體內。

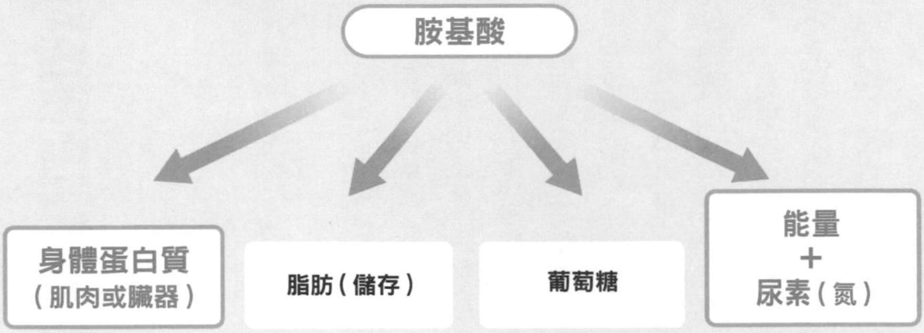

蛋白質不足的缺點！

不吃蛋白質會讓人很難有飽足感，吃完東西後很容易馬上就覺得肚子餓。若是在減重過程中則特別容易讓人覺得煩躁，有時還可能造成飲食過量→復胖的情形。

心情煩躁於是暴飲暴食
而造成復胖！

滿腦子想的
都是食物

攝取動物性蛋白質能使胺基酸更均衡

效率好的動物性蛋白質與低脂肪的植物性蛋白質

從食品所攝取的蛋白質，可大致分為肉類、魚類、蛋類或乳製品所含的「動物性蛋白質」，與豆類、大豆製品、穀物等食物所含的「植物性蛋白質」。雖然都屬於蛋白質，但動物性與植物性蛋白質各自擁有不同的特徵與性質，因此進入體內後的作用方式也不一樣。

動物性蛋白質最大的特徵，是含有豐富且比例均衡的身體必須胺基酸。尤其是體內無法形成的「必需胺基酸」，含有量比植物性蛋白質還要更多，因此能更有效率地攝取到形成肌肉或組織的原料。動物性蛋白質在比目魚、黑鮪魚、鰹魚等魚類的含量特別豐富，此外，在雞胸肉、豬里肌肉、牛後腿肉等肉類中脂肪少的部位含量也很豐富。

另一方面，**植物性蛋白質與動物性蛋白質比較起來所含的必需胺基酸不多，但特徵就是脂肪含量較少。而且植物性蛋白質還能有效幫助脂肪燃燒，對於很在意體脂肪的人來說極具吸引力。**舉例來說，板豆腐、大豆、蕎麥等都屬於植物性蛋白質豐富的食品。

動物性蛋白質中除了蛋白質外也含有豐富的維生素B群，植物性蛋白質中則是同時含有豐富的膳食纖維。透過這兩種蛋白質的搭配組合，也可以讓整體菜單的營養比例更加均衡。

動物性蛋白質含有豐富的必需胺基酸

肉類、魚貝類、蛋類、乳製品所含的蛋白質，含有比例均衡的必需胺基酸，是優質的蛋白質來源。

植物性蛋白質也具有燃燒脂肪的效果

豆類、大豆製品、穀類等食物所含的植物性蛋白質，具有脂肪含量低的特徵。而在燃燒脂肪的效果方面，植物性蛋白質的效果也比較好。

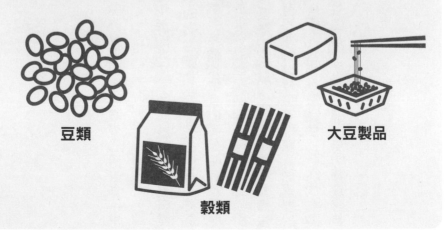

對減重也有幫助的胺基酸

不論是哪種胺基酸對於身體的構成都是不可或缺的

前面已經說過，我們的體內存在10萬種蛋白質，但這全部都僅由20種胺基酸互相組合而成。**這20種胺基酸，可分為9種「必需胺基酸」與11種「非必需胺基酸」**。

所謂「必需胺基酸」，是指無法於體內合成，或是合成量無法滿足需求量的9種胺基酸之總稱。由於必須從飲食中攝取，所以使用「必需」這個詞。例如促進肌肉合成與抑制分解有關的「白胺酸」、參與脂質代謝的「離胺酸」，以及血清素（神經傳導物質之一）原料的「色胺酸」等。

而必需胺基酸以外的11種胺基酸，例如「丙胺酸」或「精胺酸」等，雖然被分類為「非必需胺基酸」，但也都具有促進消除疲勞、提高睡眠品質等重要的功能。這些胺基酸只是因為可以醣分作為原料在體內合成才被稱為「非必需」，但對我們的身體來說絕對不是「非必需」的胺基酸。

這20種胺基酸不論缺乏哪一種，都會無法合成肌肉，而且不足的時候還可能讓身體重要的功能產生障礙。因此我們應該從各式各樣的食品中去攝取動物性、植物性蛋白質，努力獲得足夠的胺基酸。

構成身體的胺基酸

必需胺基酸

異白胺酸	強化肌肉、促進身體成長。提升肝臟等器官功能。
白胺酸	強化肌肉、促進肝臟功能。攝取過多時可能造成免疫力下降，須特別注意。
離胺酸	促進身體成長，參與身體的組織修復，並且還可促進代謝及作為抗體之原料。在麵粉或精緻白米中很容易缺乏的胺基酸。
甲硫胺酸	具有抗憂鬱效果，可降低血中組織胺之濃度，為身體的構造成分。
苯丙胺酸	是多巴胺等神經傳導物質的原料，可讓血壓上升。
蘇胺酸	能預防脂肪肝、促進身體成長。是形成酵素活性部位之原料。
色胺酸	為血清素等神經傳導物質之原料。具有鎮痛作用，可提高免疫力。
纈胺酸	強化肌肉、促進身體成長。能調整血液中的氮量。
組胺酸	幼兒發育不可缺少之胺基酸，能輔助神經功能。

非必需胺基酸

酪胺酸	為腎上腺素及多巴胺等神經傳導物質之原料。
胱胺酸	在毛髮或體毛中有豐富含量的胺基酸。能抑制黑色的黑色素產生、製造大量黃色的黑色素。
天門冬胺酸	容易作為能量來源利用的胺基酸。可提高新陳代謝、消除疲勞、增強體力及提高耐力。
天門冬醯胺	在蘆筍中發現到的胺基酸，是天門冬胺酸的前驅物，能促進新陳代謝。
絲胺酸	為磷脂質及腦部神經細胞等組織的原料，具有改善睡眠品質的效果。
麩胺酸	輔助腦部及神經功能，還具有消除疲勞的效果。高湯裡的鮮味成分。
麩醯胺酸	是體內含量最豐富的胺基酸之一。能作為腸道的能量來源利用，保護胃部及腸道。另有報告指出具有提高酒精代謝能力的作用。
脯胺酸	由麩胺酸合成之膠原蛋白的原料。脯胺酸為給肌膚帶來潤澤的天然保溼成分（NMF）最重要的胺基酸之一。
甘胺酸	在體內廣泛存在，能調整身體的運動、感覺等功能。構成膠原蛋白的1／3。
丙胺酸	能被作為肝臟的能量來源使用，同時也被用做合成醣質的原料。
精胺酸	能幫助血管擴張，讓血液更容易通過。能合成生長荷爾蒙，因此對孩童發育來說也屬於必需胺基酸。

如何攝取到優質蛋白質？

確認食物的胺基酸分數

所謂的優質蛋白質是什麼樣的蛋白質呢？從營養面來看，應該是含有充足的必需胺基酸，也就是體內無法合成之9種必需胺基酸的蛋白質才叫做優質蛋白質吧？但其實在平日的飲食中，就算我們能測量攝取的蛋白質量，也沒辦法仔細確認必需胺基酸的攝取量。**此時有一個有用的方法，就是將食物中所含的必需胺基酸之含量或比例進行數字化，也就是「胺基酸分數」，這樣就能夠以簡單易懂的方式來評估蛋白質之品質。**

從胺基酸分數我們可以得知，各種食物所含的必需胺基酸含量相對於身體的需求量占了多少比例。若滿足所有需求量的話就以「100」表示，而若是有不足的胺基酸時，最低數值之比例即為胺基酸分數。**也就是說，分數愈接近100的蛋白質，表示含有必需胺基酸愈均衡，也就代表屬於優質的蛋白質。**

像肉類或魚類（貝類、甲殼類除外）還有蛋類等動物性蛋白質，大部分的分數都可達100。另一方面，麵粉等穀類或蔬菜的分數就很低。這表示只攝取這些食物會有必需胺基酸不足的情形，必須補充其他胺基酸分數高的食物才行。

評估優質蛋白質之胺基酸分數

將9種必需胺基酸各自以1片立起來的板子代表，組合成一個圓桶。以麵粉為例，分數最低的離胺酸其分數就等於整體的胺基酸分數。

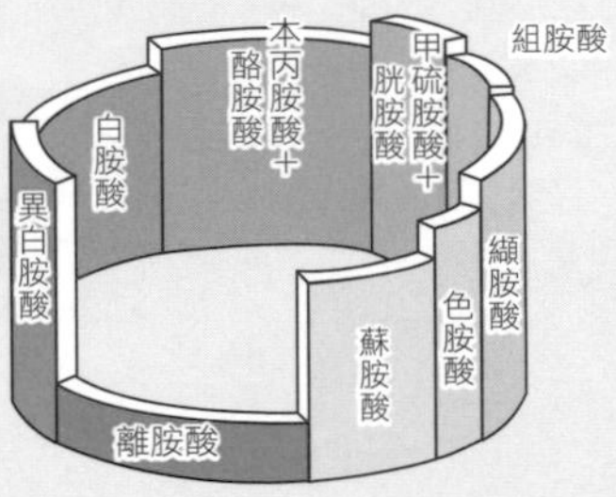

麵粉

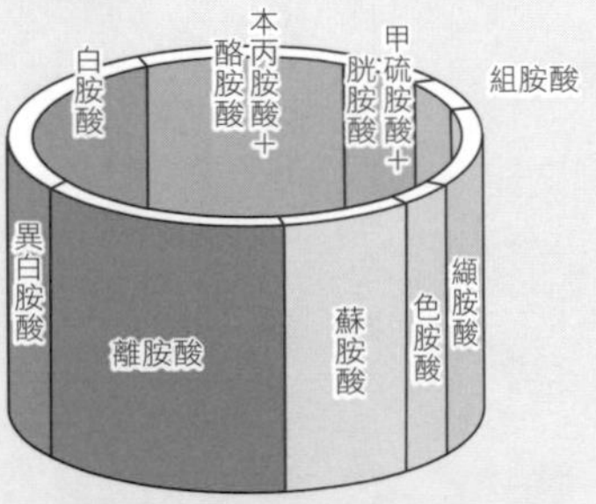

理想的胺基酸比例

什麼是胺基酸分數
評估食物內的必需胺基酸含有率並加以計分，所得分數即為胺基酸分數，當必需胺基酸的比例均衡時就屬於優質蛋白質。由於必需胺基酸無法於體內合成，因此這些蛋白質一定要透過飲食來攝取。

常見食物的必需胺基酸分數

出處：日本食品標準成分表　2015年版（七修）胺基酸成分表篇

quiz

哪種食物更能增加肌肉和變瘦？①

Ⓐ 雞里肌肉　VS　Ⓑ 牛肩里肌肉

答案：Ⓐ

牛肩里肌肉除了蛋白質外還含有大量的脂肪，因此在腸胃道需要花更長的時間來消化，而雞里肌肉的蛋白質高且脂肪少，能夠在胃腸道內快速消化吸收。不過不能光只是吃，要在運動後吃才會更有效果。

Ⓐ 火腿（里肌肉）　VS　Ⓑ 水煮鯖魚罐頭

答案：Ⓑ

雖然火腿每100公克含有16.5公克的蛋白質，但所含的脂肪及鹽分也很高。另一方面，水煮鯖魚罐頭能夠長期保存又含有豐富的蛋白質，是簡單又優質的食材，但記得要避免熱量及鹽分都很高的味噌口味。

Ⓐ 水煮蛋　VS　Ⓑ 豆腐

答案：Ⓐ

動物性蛋白質來源的雞蛋含有豐富的白胺酸，是能夠有效提高肌肉合成的食材。另一方面，豆腐雖然擁有可以幫助脂肪代謝的優點，但與雞蛋相比蛋白質的含量較低。

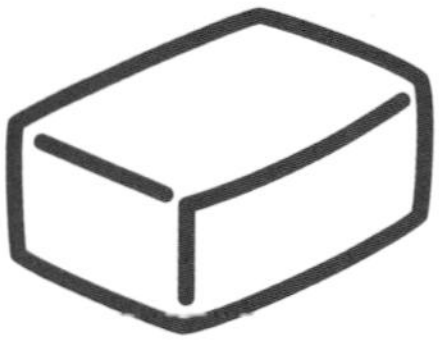

第 2 章

美容與健康不可或缺的最強蛋白質！

重要的不是「不能吃什麼」而是「應該要吃什麼」

個很重要的地方就是**必須要均衡地攝取「醣類」「蛋白質」「脂質」這三大營養素。尤其要特別小心的是，「確實攝取到醣類和脂質，但卻蛋白質不足」的這種模式。**舉例來說，早上來一杯用蔬菜打的新鮮蔬菜汁，午餐買了便利商店的沙拉，到了晚餐吃的則是以蔬菜為主的火鍋。這種飲食內容乍看之下會讓人覺得很健康很養生，但實際上卻是只吃了蔬菜而沒有均衡攝取到三大營養素，很容易有蛋白質不足的情形。這種飲食方式持續下去的話，不只很難瘦身，就算真的瘦下去了，看起來也會有一種沒有活力的憔悴感。

從不能吃東西的減重法畢業吧！

大多數人減重失敗的理由之一，就是想要在短時間內一口氣改變體型。的確，**一個月瘦5公斤在理論上是可行的，但幾乎所有的案例都是肌肉和脂肪一起都大幅度地減少了。**但這樣一來，只要不持續進行節食就很難有效果出現，而且復胖的風險還非常高。再加上復胖的時候增加的幾乎都是體脂肪，所以看起來還會比以前更胖。若想要健康地瘦身，關鍵還是想辦法在不減少肌肉的情況下減少體脂肪。而要達到這個目的，就必須學會如何選擇正確的食物來吃，而不是不吃東西。

在思考吃哪些食物才是正確的吃法時，有

節食減重法一旦復胖了會很慘！

不吃蛋白質的極端節食方式，在一開始可能體重會快速地下降，但很快就會恢復原狀。而且就算是恢復原來的體重，卻會因為身體的體脂肪變得比較多，導致體型可能會變得比減重之前還要鬆弛。

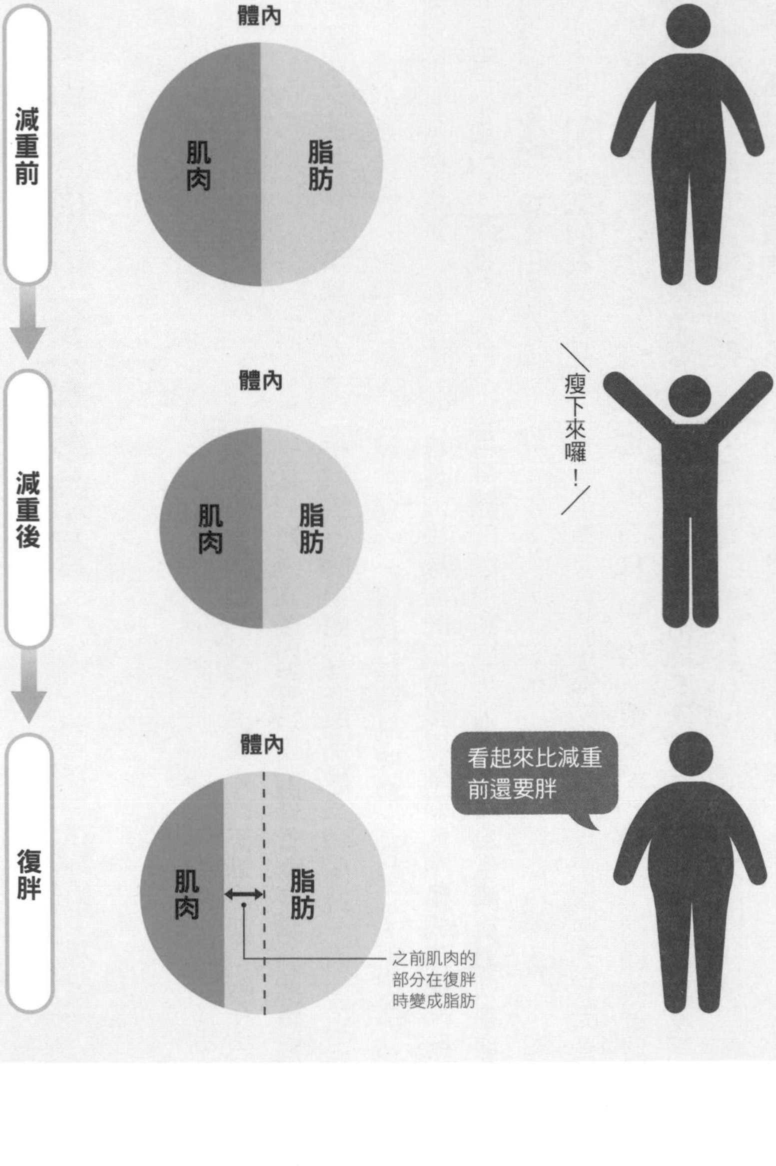

攝取蛋白質能讓脂肪更容易燃燒

蛋白質的DIT比例很高

當我們吃下食物之後，大家會不會覺得身體暖烘烘地，有暖和起來的感覺呢？這個現象就是我們從飲食中所攝取到的營養素，在體內進行分解時所消耗的熱量造成的。這種在體內發生的反應稱為「攝食產熱效應（Diet Induced Thermogenesis）」，也可以取英文的第一個字母簡稱為「DIT」。

DIT所造成的能量消耗量，大約占了每一餐所攝取能量的10％。這個比例會因為營養素的不同而有差異，例如**蛋白質在攝取到的能量中，就有30％左右的能量會因為DIT而被消耗掉。**至於醣類則是6％、脂質為4％，由此可知攝取蛋白質後的消耗能量遠大於醣類和脂質。也就是說，**光是攝取蛋白質的部分就能讓脂肪更容易燃燒，體重更容易瘦下來。**

此外，**目前已知肌肉愈多DIT就愈高。這是因為身體的肌肉量與基礎代謝量成正比，所以身體的肌肉愈多，人體的能量代謝能力就會愈好。**

還有，在吃東西的時候仔細地咀嚼食物，也是提高DIT的訣竅之一。例如屬於優質蛋白質的瘦肉塊，就是最適合用來仔細咀嚼的食材。

而從這些觀點來看，也證明了攝取蛋白質的確有助於提高減重的效率。

攝取蛋白質可以增加熱量的消耗

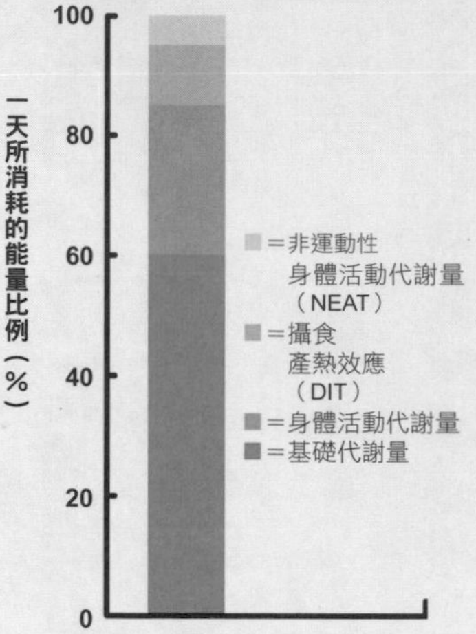

改編自日本厚生勞動省「身體活動與能量代謝」

什麼是 DIT（攝食產熱效應）？

身體在消化、吸收食物時，會因內臟積極活動而產生熱以及能量消耗。我們在進食後之所以會感到身體變暖就是這個原因，因此飯後即使處於安靜狀態代謝量也會增加。

能量消耗的多寡會因為營養素的不同而有所差異

蛋白質	攝入能量的	30%
醣類	攝入能量的	6%
脂質	攝入能量的	4%

※由於一般飲食是這些營養素的混合物，約占每餐攝取能量的10%。

只要攝取大量的蛋白質，因為DIT 而消耗的熱量也會增加。

假設 1 天攝取 2000 大卡的熱量

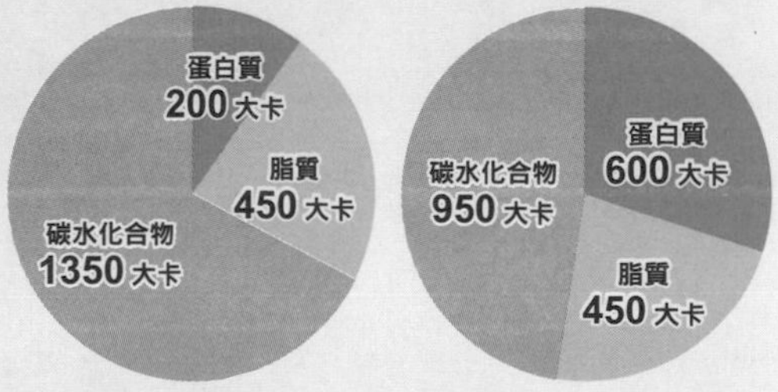

DIT ＝ 159 大卡　DIT ＝ 255 大卡

雖然總攝取熱量相同，但 DIT 卻相差了 96 大卡！

一年下來就是35,040大卡，可以減少約4.8公斤的體重！

限制醣類攝取的過程中更需要蛋白質！

防止能量攝取不足、維持肌肉量

為了減重而採取限制醣類攝取量的人，在減重過程中也需要特別注意蛋白質的攝取方式。

限制醣類攝取的目的，在於透過減少攝取白飯或麵包等含有大量醣類的主食，來抑制血糖值急速上升和防止肥胖。然而，我們身體的主要能量來源就是醣類，一旦限制醣類的攝取就會讓體內的醣類不足而無法產生足夠的能量。這樣一來，身體為了補足缺少的能量，就會將體內的蛋白質或脂肪進行分解來作為能量來源（這個過程稱為糖質新生作用）。而所謂的分解蛋白質，其中也包括分解肌肉，一旦肌肉減少之後，基礎代謝量也會下降，因此就算體重有暫時下降，也會馬上再度復胖，最後讓身體的代謝能力愈來愈差。

若是想要在維持肌肉量的同時又要讓身體不易發胖，就必須確實攝取蛋白質或脂質，來補足因為限制醣類而攝取不足的能量，才能避免整體能量攝取量不足的情形。特別是在運動時，因為會抑制肌肉的分解，所以除了要攝取充分的蛋白質外，也可以攝取適量的醣類，確保身體有攝取到足夠的能量。

也就是說，成功減重的祕訣，就在於不要過分限制醣類的攝取，並且要均衡攝取蛋白質或脂質，維持身體的肌肉量及基礎代謝能力。

限制醣類攝取的過程中要特別注意是否有蛋白質不足的情況！

醣類（碳水化合物）、蛋白質、脂質、維生素和礦物質等各種營養素所擔負的任務各不相同。由於醣類的作用就是「產生能量」，因此在減少醣類攝取的情況下，必須攝取其他的營養素取代醣類作為能量來源。

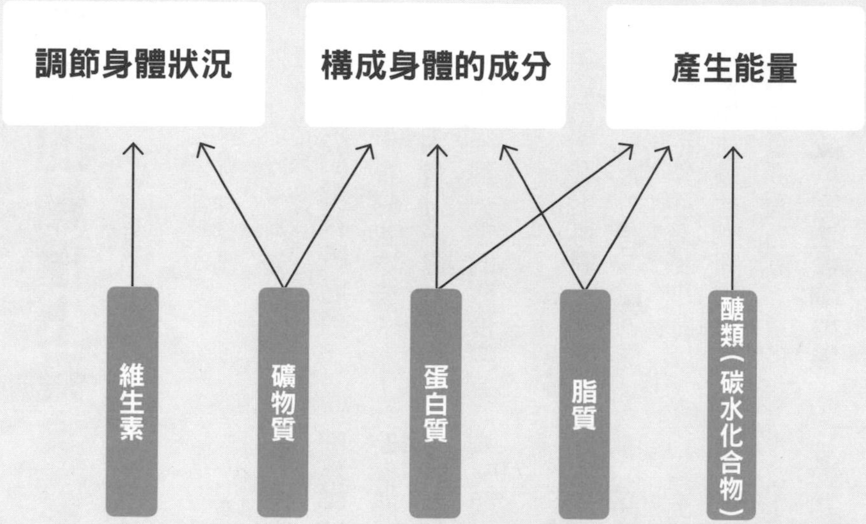

醣類是維持生命的重要能量來源。在限制醣類攝取等過程中，若是過度減醣造成體內醣類不足的話，身體為了彌補不足的部分，會分解蛋白質或脂質來作為能量來源。

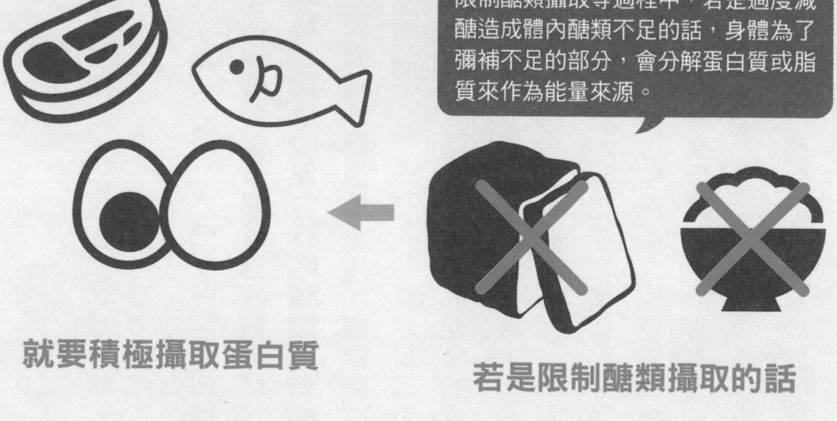

蛋白質可抑制血糖值上升

預防血糖值上升

所謂血糖值，是指血液內的葡萄糖數值，主要會根據飲食而變動。當我們在進食之後，每個人的血糖值都會上升，且體內會分泌名為胰島素的荷爾蒙，讓上升的血糖值降到一定的數值之內。

一旦持續攝取含有大量醣類的飲食，過量的醣類會讓體內分泌過多的胰島素，將多餘的醣類轉變為脂肪儲存在細胞內。而空腹時攝取醣類對人體的危害更嚴重，這會讓血糖值變得更容易急遽上升和下降，這樣的特性會引發各式各樣的疾病，例如血管受損，或是造成器官功能障礙導致糖尿病等。

此時就應該多利用攝取蛋白質能抑制血糖值上升的優勢，例如肉類或魚類等蛋白質食材，因為幾乎不含醣類，所以很適合在剛開始用餐的時候吃，或是在空腹時作為點心食用，都能夠讓身體在進食後血糖值不易上升。而且蛋白質食物又很有飽足感，還可以防止我們吃入過多的食物。

不過，由於消化蛋白質需要比較長的時間，為了幫助消化和吸收，建議可以和含有「蛋白質分解酵素」的薑、蒜、白蘿蔔等食物一同食用，能減輕腸胃的負擔。而餐廳之所以經常會在牛排上淋大蒜醬汁或是烤魚搭配白蘿蔔泥，也是因為這個原因。這樣吃起來不但比單一食物好吃，而且也提高了營養價值。

容易讓血糖值上升的醣類

「醣類」「蛋白質」和「脂質」這三大營養素各自對血糖值的影響，就如同下圖所示一般各不相同。醣類在進食後會讓血糖值容易急遽上升，蛋白質則是在大約三小時後血糖才慢慢地變化，而脂質因為要花較多時間消化，所以血糖值最不易上升。

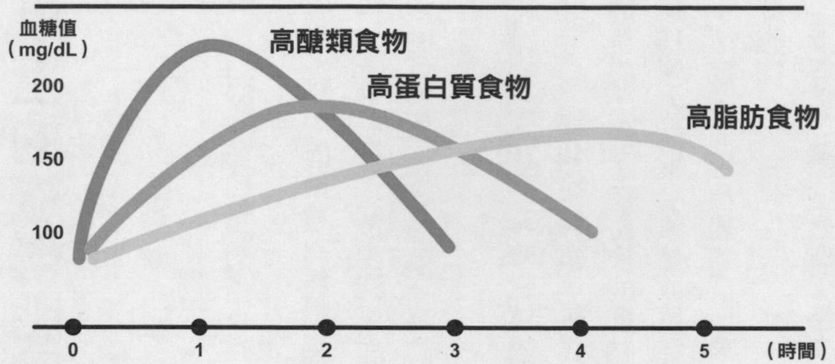

出處：參考月刊糖尿病：2010.2.10, 70-7製作

利用進食的順序減緩血糖值上升的速度

在調查魚、肉、米飯進食順序與血糖值之關係的研究中，發現如果在吃米飯前先吃肉類及魚類料理的話，與先吃米飯相比可以抑制餐後4小時內的血糖值上升幅度。

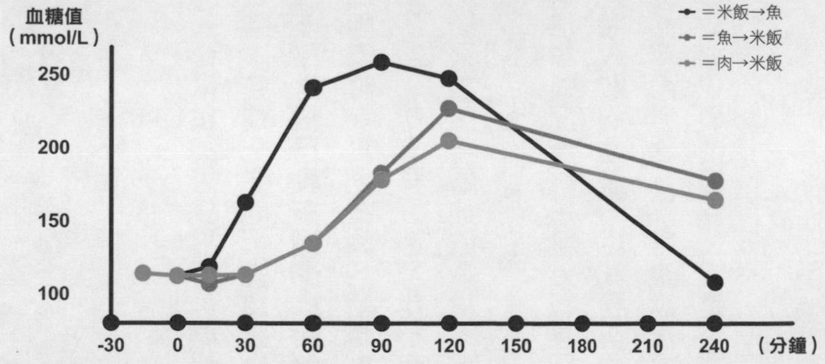

出處：改編自Kuwata H et al. Diabetologia（2016）

20～30歲以上的族群肥胖比例急遽增加

從20幾歲開始肌肉會自然地逐漸減少

人的肌肉在20幾歲之前，即使沒有特意去運動也會逐漸增加。再加上學生時期的生活中會定期進行運動、社團活動、上下課等活動，有許多讓肌肉更加發達的因素。

然而，**目前已知肌肉量在20～30幾歲達到巔峰後，就會逐漸地減少。從40歲開始，每10年就會減少8～10%的肌肉，到了70幾歲的那10年裡，肌肉更是會減少15%。**這種現象並非單純只是因為運動機會減少造成，而是身體的自然現象，即使是身體非常健康的人也會發生。

肌肉量逐漸減少這件事，就代表**占了每天能量消耗達6～7成的基礎代謝也會逐漸下降，**因此即使40幾歲的人食量和20幾歲相同，身體當然也會變得容易發胖。更進一步地，**肌肉還負責吸收醣分並儲存的任務，一旦肌肉減少，能儲存的容量也會成比例地下降，**於是多餘的醣類也就更容易形成體脂肪了。這些事實，都是年齡超過20歲的族群中，肥胖人數急遽增加的理由。

當然，運動機會減少，或是出了社會之後應酬喝酒的機會增加等情況，也是讓人容易肥胖的因素，因此人在邁入20歲之後，應該要自覺到自己的體格已經開始產生變化，平常也應該更勤加運動才行，例如刻意地多走樓梯，或是走路到下一站再搭車等。

肌肉會隨著年齡增長而逐漸減少

即使過著與之前相同的生活，隨著年齡增長肌肉量也會逐漸減少，肌力逐漸衰退。就算是健康的人，肌肉量也會在20幾歲達到巔峰後開始慢慢減少，並在邁入50歲後急遽減少。

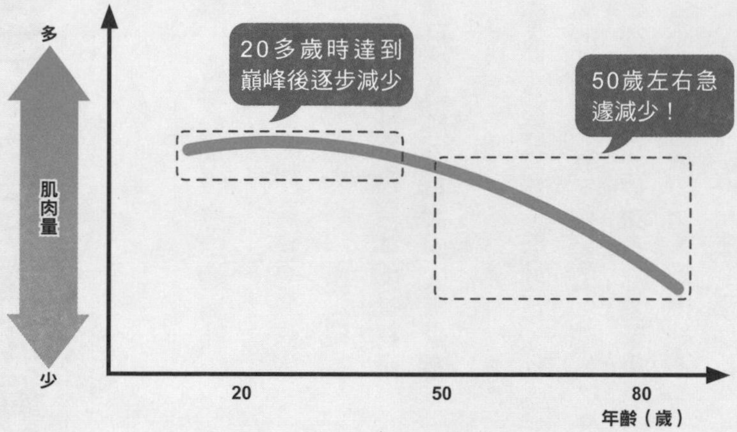

肌肉量減少的原因有許多種

肌肉量逐漸減少的原因除了年齡增長所造成之外，比起年輕時運動的機會減少也是主要原因之一。

中高齡

經常利用計程車移動，運動的機會很少。

青少年期

經常以走路方式或騎自行車移動，也會透過體育課定期做運動。

明明是標準體重但體態看起來卻不夠勻稱的原因

一旦體脂肪率偏高，身材就不容易玲瓏有致

有些人經常會煩惱自己的體重雖然是標準體重，但體態看起來卻不夠優美，或者是**現在的體重明明與以前一樣，卻覺得自己的身材不好……這些問題，很可能與肌肉量太少或減少有關**。

簡單來講，想要擁有體態勻稱的身材，就必須要有肌肉。緊緻的臀部曲線、翹挺的胸部，都必須要有肌肉才能雕塑出來。要讓身材看起來漂亮，就必須要有正確的姿勢與肌肉。否則好不容易體重減輕了，卻因為肌肉太少而無法讓身材變得玲瓏有致，這樣的話減重還有意義嗎？

極端的節食減重法最大的錯誤就在於讓身體的肌肉減少。**減重的正確觀念不是減輕體重，而是要減少體脂肪，這一點大家一定要轉換過來，而要雕塑出良好的身材，最重要的就是務必要攝取蛋白質**。雖然減少體脂肪的減重過程相對來說需要花比較長的時間，但卻擁有不易復胖這種令人開心的優點。

想要減少體脂肪，可以靠高蛋白質低熱量的飲食與運動（肌力訓練、有氧運動）來完成。近年來健身房一般都擁有可以檢測肌肉量、體脂肪率和內臟脂肪率的儀器，透過這些儀器找出自己必須達到的指標，也是一種聰明的減重方法。

身高、體重相同但腰圍卻不一樣

體重與過去相同但身材看起來卻完全不一樣的原因，就在於身體的肌肉與脂肪的比例與過去不同。由於脂肪的體積比肌肉還大，所以即使體重相同也會給人體態鬆弛的感覺。

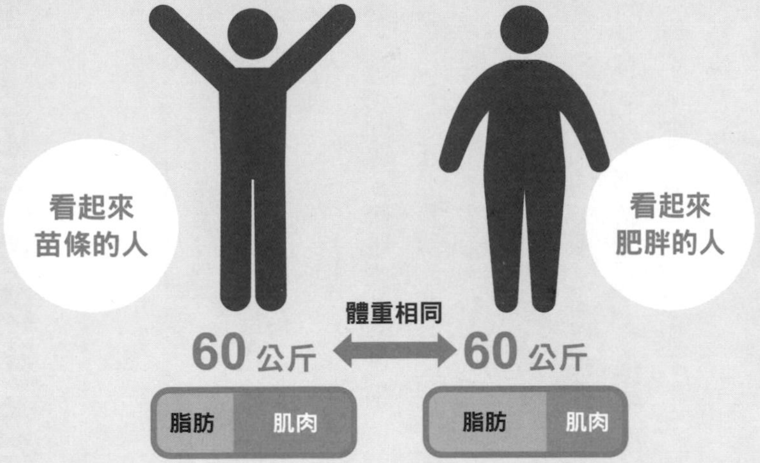
看起來
苗條的人
看起來
肥胖的人
體重相同
60 公斤
60 公斤
脂肪
肌肉
脂肪
肌肉

體脂肪比BMI更需要注意

比起體重，肌肉量及體脂肪率更會影響到外觀。家用的體重計雖然多少會有一些誤差，但也能測量體脂肪及肌肉量，而且只要持續測量也有助於找出長期下來的變化方向。

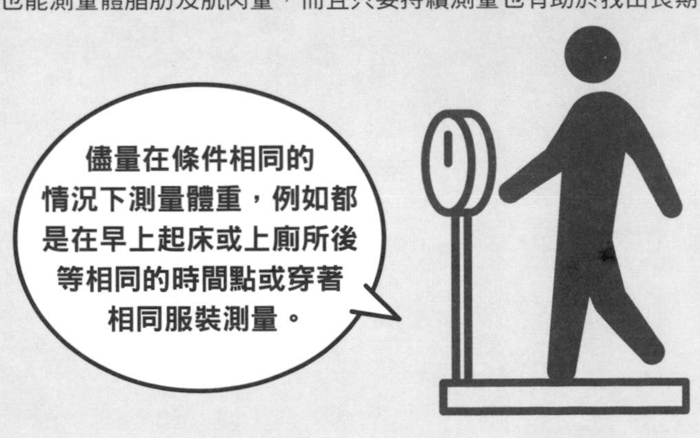
儘量在條件相同的
情況下測量體重，例如都
是在早上起床或上廁所後
等相同的時間點或穿著
相同服裝測量。

只要增加1公斤肌肉就會看起來很苗條

同時還能消除浮腫讓人感覺更清爽

有些人光聽到「肌肉增加」就會出現「不想變得很壯碩」或「不想變胖」的抗拒心理，可是**若想雕塑出漂亮的身體曲線，與肌肉的多寡是有緊密關係的。**目前已知每1公斤肌肉的基礎代謝量為13大卡，也就是說，身體每增加1公斤的肌肉，自然代謝量就會提高13大卡。不過，實際上要增加1公斤的肌肉，需要非常努力地運動和肌力訓練。若從只是增加13大卡代謝量的角度來看，可能會讓人覺得不是很划算，不過增加肌肉能得到的好處並不僅止於此。

光是下半身增加1公斤的肌肉，就會給人非常緊緻的感覺。而且因為肌肉的曲線很漂亮，

所以看起來也會十分苗條。就如同第40頁所介紹的，即使體重相同體型也未必會一樣，這一點應該很多人都能實際感受到。

再來就是，浮腫也與肌肉的作用有很密切的關係。小腿肚又稱為「第二個心臟」，它的「肌肉幫浦作用」（擠乳作用）可以抵抗重力將靜脈血向上擠壓送到心臟。若這個作用衰退的話，血液就會不易回流到心臟，由於血液循環變差，身體就會出現浮腫現象。而進行適度的運動，讓小腿肚長出更多的肌肉可以改善血液循環，身體也就不容易出現浮腫的情況了。

只要增加1公斤肌肉，世界就會改變

利用肌力訓練等運動讓腿部的肌肉增加 1 公斤，就能展現出肌肉曲線讓腿部更美、看起來更細。

只要肌肉增加
看起來就會更苗條

鍛鍊小腿肚的肌肉可以讓身體不易有浮腫現象

即使還沒有達到增加肌肉的目的，肌力訓練、適度的運動、走路仍可以有效促進血液循環。尤其是小腿肚具有幫浦的作用能讓血液回流到心臟，鍛鍊此處的肌肉也有助於改善身體發寒或浮腫現象，以及讓身體不容易感到疲累。

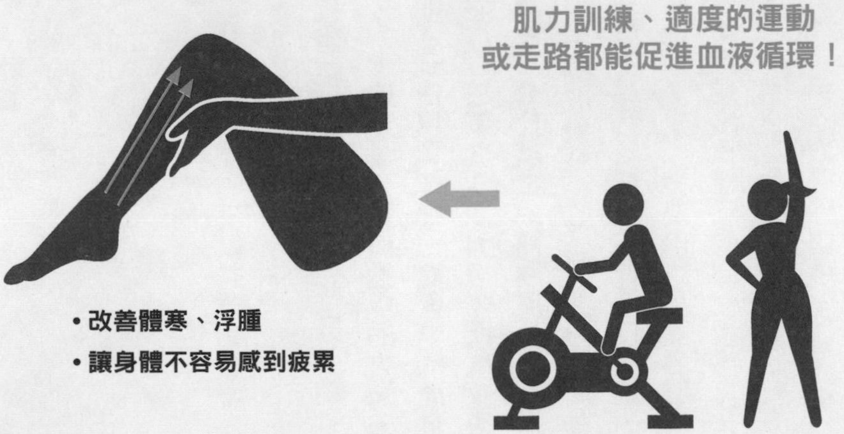
肌力訓練、適度的運動
或走路都能促進血液循環！
• 改善體寒、浮腫
• 讓身體不容易感到疲累

肌肉愈多就愈不容易變胖的原因

每天合成肌肉的過程中都會消耗熱量

肌肉在重複合成與分解的過程中，每天都會進行少量的更新。**就算沒有在運動，為了維持肌肉量，整體肌肉量中約有1・8%每天都會再生。另外，在肌肉再生的過程中，每1公斤的肌肉大約需要消耗541大卡的能量。**

為了讓大家更容易了解，我們來比較一下肌肉量少的人與肌肉量多的人。肌肉量少的人（假設為12公斤），一天合成的肌肉量占全體的1・8%，也就是大約0・22公斤。由於每公斤肌肉需要541大卡的能量，所以在0・22公斤肌肉的新生過程中，需要117大卡的能量。同樣地，肌肉量多的人（假設為23公斤），一天合成的肌肉量為0・41公斤，所以需要224大卡的能量。

這個能量消耗的差異可說是一目了然。每天相差107大卡的能量，**肌肉量多的人30天就比肌肉量少的人多使用了3210大卡的能量，而體脂肪1公斤等於7200大卡，所以花費3個月就可以燃燒1公斤以上的體脂肪。**

減重過程中的問題點，就出在沒有運動又限制了飲食中碳水化合物或蛋白質的攝取量，結果必然會讓肌肉量減少，造成前述那樣的肌肉量少的身體。若演變成這種情況，即使減重再久也不容易瘦下來，而且一旦飲食量恢復原狀就只會增加體脂肪，很容易陷入惡性循環。

肌肉量增加的話，能量的消耗量也會增加

在整體的肌肉量中有1.8%每天都會再生。身體為了維持肌肉量，每天都會重複肌肉的合成與分解，而維持1公斤的肌肉需要大約消耗541大卡的能量。

肌肉量少的人

肌肉量多的人

肌肉量 12 公斤　合成量 0.22 公斤／天

117 大卡／天

肌肉量 23 公斤　合成量 0.41 公斤／天

約 224 大卡／天

每天相差107大卡

3 個月下來
相差 9630 大卡

肌肉量多的人比肌肉量少的人身體能夠多燃燒 1.3 公斤以上的體脂肪

換算下來 1 年可燃燒 5 公斤以上！

為了消耗熱量而去運動是沒有效率的

運動的目的是什麼？

想要養成易瘦體質，除了一定要進行飲食管理之外，記得也要多運動。詳情在第48頁會進行介紹，而這裡想要先讓大家理解的，是運動真正的目的是什麼，這樣大家才會更有幹勁地持續下去。

從結論來說，**比起為了多消耗一些熱量，運動的真正目的其實在於肌肉量的增加及維持。**舉例來說，體重50公斤的人走路1個小時大約可消耗158大卡的熱量，而這個運動量只是一個飯糰的分量而已。**從增加熱量消耗的意義來看感覺不是很划算，還不如忍住少吃一個飯糰來得有效。**

而若是從短期的效益來看，運動其實無法發揮很大的效果，但若是從長期來看則是有很多好處。這是因為想要成功減重不復胖，提高基礎代謝率是非常重要的一環，而要提高基礎代謝率就需要增加肌肉量才會有效，所以這個時候運動是不可或缺的。雖然增加1公斤的肌肉量只增加了大約13大卡的能量消耗量，但為了維持這樣的肌肉量又會需要更多的能量，如此一來，就能實際養成比以前更不容易變胖的體質。更進一步地，還有報告指出運動還能活化腦部的神經傳導物質，讓人可以提高注意力、減輕壓力以及獲得幸福感。

運動所消耗的熱量

即使努力走路1小時所消耗的熱量也只等於一個飯糰，若是跑步1個小時也只等於2片鬆餅的熱量。

飯糰 1 個

158 大卡

＝

走路 1 個小時
（時速 4 公里）

鬆餅 2 片

473 大卡

＝

跑步 1 個小時
（時速 8.3 公里）

運動有許許多多好處

預防生活習慣病

增加及維持
肌肉量

振作精神的效果
可以減輕壓力

利用每天30組坐下↓站起來的運動增加肌肉量

想要增加肌肉量還是需要肌力訓練

若想要有效率地增加肌肉量，就需要增加肌肉負荷的「肌力訓練」。而雖說是肌力訓練，並不代表一定要去健身房或是購買運動器材才能做。**在這裡就來介紹一種即使忙於工作或育兒等沒有時間的族群，也能在每天的生活中輕鬆進行的「椅子深蹲運動」**。

椅子深蹲運動雖然比一般肌力訓練給人的感覺還要輕鬆，但因為會用到相當於集中了身體3分之2肌肉下半身，所以在做到一定的運動量後也能有效增加肌肉量，並促進基礎代謝。若是已經習慣這個運動而能夠輕易做出深蹲後，就可以試著升級到給肌肉更多負荷的「不利用椅子之深蹲運動」。此運動的重點，在於當下半身感受到負荷的同時慢慢地重複動作，而且身體下沉的動作要比上升的動作花更長的時間去完成。大家可以儘量利用平時坐椅子動作（身體下沉的動作）的時間來試試看。

若是連這種深蹲都覺得難度很高的人，最好先從增加每天的活動量開始。例如上下班通勤時不使用電扶梯而是走樓梯、比平常多走一站的距離去搭車，或是比平常走路的步幅再加大5公分大步走路等，刻意地增加生活中的運動量。雖然不能期望肌肉量會因此大幅增加，但至少可以維持肌肉量。

簡單深蹲運動的做法

⊙椅子深蹲運動

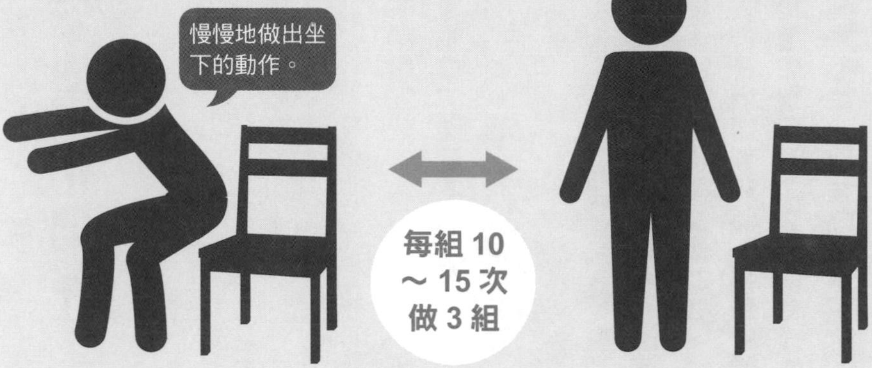

站在椅子前，兩腳打開與肩膀同寬，兩手向前方伸出。臀部一邊向後突出一邊慢慢地坐到椅子上→站起→坐下的動作重複10～15次。

⊙不利用椅子之深蹲動作

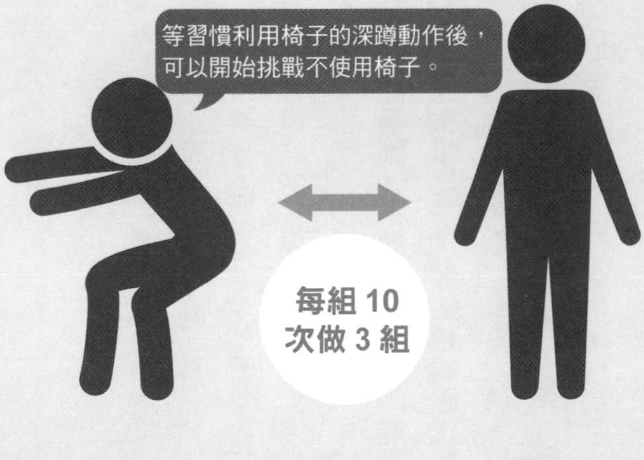

兩腳打開與肩膀同寬站立，兩手向前伸。感覺像是要坐到椅子上一樣將臀部向後突出，同時將腰部下沉，直到大腿與地面平行後停住，再恢復到原來的站立姿勢。

睡眠時間短＝肥胖

肥胖的機率上升到70％以上

運動還有一個好處就是可以提升睡眠品質。目前在日本約有20％的人口為失眠症所苦，根據日本厚生勞動省的調查顯示，有39．2％的人一天睡眠時間不到6個小時，睡眠時間很短的人愈來愈多。

然而，有人指出縮短睡眠時間會增加肥胖的機率。**平均睡眠時間為6小時的人，比平均睡眠時間7小時的人肥胖的機率高出23％，而睡眠時間5小時的人則是增加到50％、睡眠時間4小時以下的人更是增加到73％之多。**會有這種現象的原因，在於睡眠不足會引發胰島素阻抗，讓身體無法順利控制餐後的血糖值。

此外，睡眠不足或睡眠品質不佳也會造成運動量減少，進而使能量消耗量下降。再者，睡眠不足還會減少瘦素（Leptin）的分泌，它的作用是能夠抑制食慾，並且還會增加讓人湧現食慾的飢餓素（Ghrelin）的分泌量。也就是說，**若沒有進行確實的睡眠，不管身體消耗的能量有沒有下降，都會讓食量增加，體重也跟著增加。**

而良好的睡眠品質可以讓翌日醒來時格外清爽，也更適合進行運動。若是要進行肌力訓練，一星期只要進行一次就可以出現效果。順帶一提，晚上9點之後的運動會刺激交感神經，增加人的清醒度，所以如果要在晚上運動的話，最好在晚上8點左右就要結束。

睡眠時間太短的話會變得容易發胖

目前已經發現，和睡眠時間7小時的人相比，睡眠時間只有6小時、5小時、4小時的人，睡眠時間愈短平均的BMI就愈高。

肥胖與睡眠之間的關係

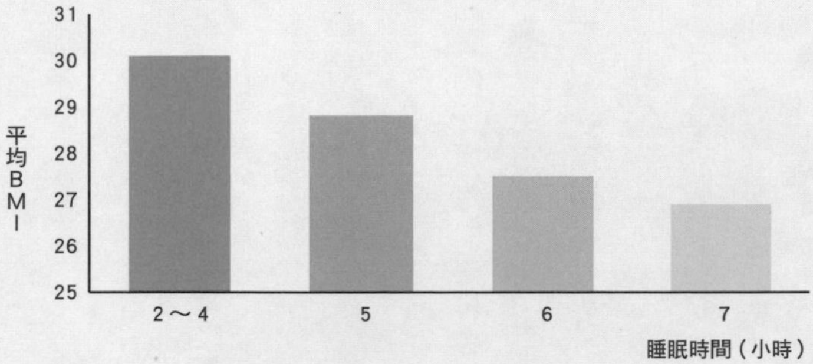

出處：參考James E.et al.(2005). Sleep, Oct;28(10):1289-96.製作

取得時間長短適宜、品質優良的睡眠

⊙睡眠時間過多也會對人體造成不良影響？

	適當的睡眠時間
18歲以上	7～9小時
65歲以上	7～8小時

（美國National Sleep Foundation提倡）

在以日本國內10萬中高齡者為對象的研究中顯示，與睡眠時間7小時的人相比，睡眠時間4小時組與睡眠時間10小時組的人們因為疾病等因素而死亡的比率有增加的情形。也就是說，睡眠時間過短或過長對健康都會造成負面的效果。

⊙運動可以提升睡眠品質

有氧運動（例如走路或慢跑）、肌力訓練都可以改善睡眠品質。若是肌力訓練，即使運動強度（運動時間的長短、次數、使用的啞鈴重量等）偏低也有改善效果。

大豆能有效減重的原因

還能提高減重時不可缺少的脂肪燃燒能力。

富含精胺酸的食物包括大豆產品、魚貝類及肉類，而從減重觀點來看，脂質含量少的大豆產品更為合適。另外，隨著攝取精胺酸而促進分泌的的生長荷爾蒙，還能讓睡眠品質變得更好，這是由於晚上10點~半夜4點之間是生長荷爾蒙分泌最為旺盛的時間，所以若想要有效減重，這段黃金時間的睡眠極為重要。不過，即使睡眠時間充足，生長荷爾蒙的分泌量仍會隨著年齡增長而逐漸減少，所以仍然有主動攝取精胺酸的必要。

含有精胺酸讓生長荷爾蒙的分泌更活躍

精胺酸雖然屬於非必需胺基酸之一，但因為在體內的合成量偏低，最好與必需胺基酸一起透過飲食積極攝取。

精胺酸能促進血管內一氧化氮（NO）的生成，使動脈溫和地擴張，因此具有防止動脈硬化或腦梗塞，以及穩定血壓的效果。此外，目前也已知精胺酸能促進生長荷爾蒙的分泌，這就是為什麼精胺酸雖然在成年人方面屬於非必需胺基酸，但在孩童的成長期內仍屬於不可或缺的必需胺基酸。儘管如此，精胺酸在成年人身上也負擔著很重要的作用，**其中主要的功能就在於提高免疫力對抗疾病、促進新陳代謝等健康效果，同時**

大豆產品適合作為減重食物的原因

大部分大豆產品屬於低脂肪、低熱量的食物

與動物性蛋白質相比，大多數的大豆產品均為低脂肪、低熱量的食物，即使多吃也不容易增胖。

豐富的精胺酸

大豆產品中含有豐富的精胺酸，能提高分解脂肪相關荷爾蒙的分泌。

含有豐富精胺酸的大豆產品

油炸豆皮

納豆

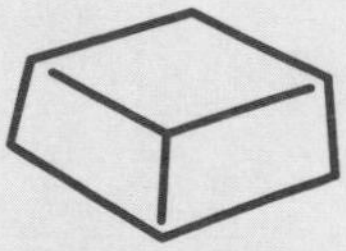

凍豆腐

味噌、醬油

豆皮

豆漿

想讓肌膚緊實有光澤，蛋白質比化妝水更有效

蛋白質是形成肌膚的根本

除了肌肉之外，蛋白質也是打造出美麗肌膚、頭髮、指甲等不可或缺的營養素。舉例來說，當覺得自己的肌膚不夠緊實有光澤時，雖然也要考慮是不是要比平常使用更高價的化妝水或高機能精華液，但更重要的，是先回想自己有沒有確實地攝取到必要的營養素。說到具有美肌效果的營養素，大家通常會想到維生素C或維生素B，但**其實只有蛋白質，才是最重要的肌膚原料。**

在體內會發揮多種不同作用的蛋白質，在經過腸道消化成胺基酸後，會藉著血液運送到肝臟。從這個觀點來看，胺基酸首先會抵達內臟及血液，接著運送到身體各組織，然後用來形成肌肉、骨骼、皮膚和頭髮。因此**當肌膚乾燥、髮量變少、或是指甲容易斷裂等症狀出現時，也有可能是因為蛋白質不足的緣故。**尤其是為了減重而節食的人，特別容易有蛋白質不足的情形。而且有在定期運動的人，也會比一般人需要更多的蛋白質攝取量。本來是為了變得更漂亮而進行減重，如果肌膚變得皺巴巴、看起來比以前還要蒼老的話，那減重就毫無意義了。因此請記得，每餐都要確實攝取足夠的蛋白質，才能守護自己健康的肌膚及頭髮。

優先使用蛋白質的地方

蛋白質在經過消化之後，首先會抵達內臟及血液，之後則是用來形成骨骼、肌肉、皮膚、頭髮等部位。

⊙內臟、血液　　⊙各組織

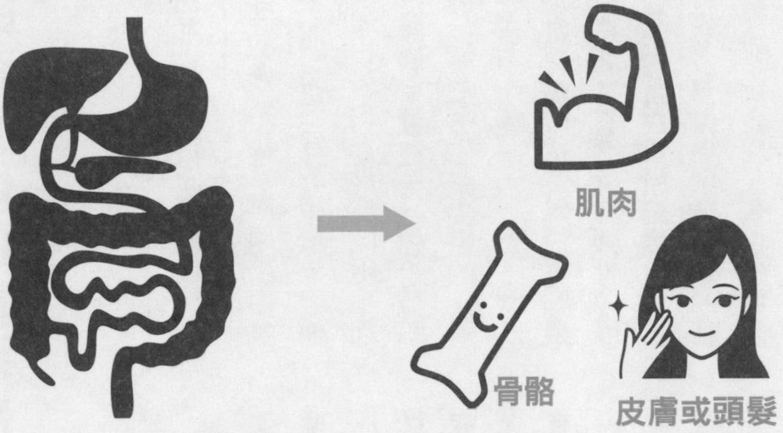
肌肉
骨骼
皮膚或頭髮

在使用高價化妝品或進行美容保養之前先重新檢視自己的食物

不論再怎麼從體外進行保養，體內如果缺乏充分原料的話，美容效果也會減半。

明明已經勤加保養了，怎麼一直看不到效果……

柔軟Q彈的膠原蛋白其實也是一種蛋白質

肌膚之所以會隨著年齡增長而出現衰老現象，是因為這些膠原蛋白及彈性纖維受損而失去彈力。另外，缺乏蛋白質也是造成肌膚乾燥、出現皺紋、變得鬆弛等老化現象的原因之一。

有些人可能會以為吃下富含膠原蛋白的食材能直接生成肌膚中的膠原蛋白，但事實上從研究結果得知這種方式對肌膚並沒有明顯的益處，還不如攝取膠原蛋白的原料——優質蛋白質還更有效果。此外，還要攝取從蛋白質形成膠原蛋白時不可缺少的維生素C及鐵質。同時攝取這三種營養素十分重要，請大家務必要記住這個美食組合並積極地攝取，以美麗的肌膚為目標唷！

直接攝取膠原蛋白並沒有什麼意義

像魚翅、豬腳、雞翅膀等富含膠原蛋白的食物，都會給人一種對肌膚很好的印象，但你知道嗎？膠原蛋白也是由蛋白質形成的呢！而人類的肌膚，則是由好幾層重疊在一起的組織所構成，也就是最外層的「表皮」、表皮下的「真皮」，以及最內層的「皮下組織」。

由於真皮組織中含有膠原蛋白（膠原纖維）與彈性纖維，使得皮膚富有張力與彈性，而膠原蛋白與彈性纖維便是由蛋白質所組成。纖維的主要成分膠原蛋白在真皮層遍布形成網狀的構造，而彈性纖維則負責連結固定膠原蛋白的網眼部分。

皮膚的構造

表皮

最接近外界的部分，負責肌膚的防禦功能。隨著年齡增長會逐漸變厚。

真皮

由纖維與基質成分所構成。讓肌膚產生張力與彈性的纖維大多為膠原蛋白，其餘的部分則是彈性纖維。

皮下組織

3層構造中的最內層組織。負責將營養輸送給肌膚以及運走代謝廢物。

生成膠原帶白所需的營養

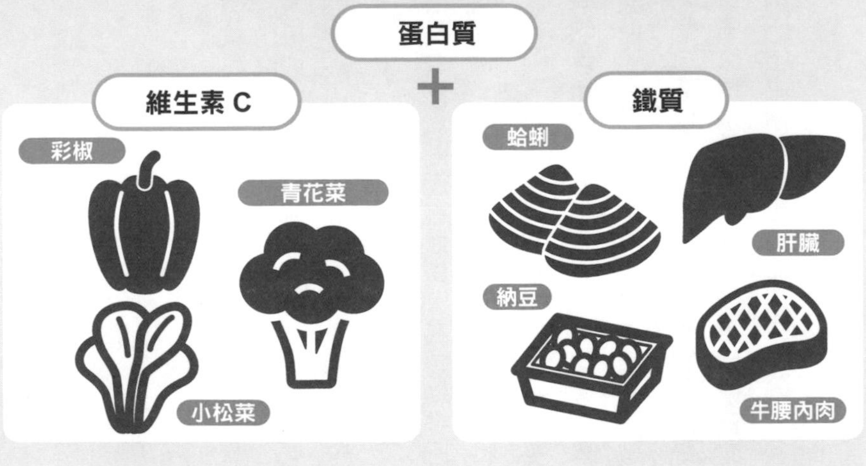

貧血是因為缺乏蛋白質!?

蛋白質是紅血球的主要構成物質

臉色很差、感到暈眩，大家一聽到這些形容時，通常第一個想到的就是「貧血」這個字眼，不過很意外地，大家似乎都不太清楚貧血其實也有可能與蛋白質有關。

貧血中常見的「缺鐵性貧血」，是一種因為血液中的紅血球減少，進而使搬運氧氣的能力下降而形成的疾病。有不少女性會因為生理期流失過多鐵質而貧血，以日本人女性來說就有大約20%的女性有貧血情形。**一旦發生貧血，體內的組織會發生缺氧的情況，於是出現容易疲勞、喪失食慾或情緒焦躁等症狀。**

紅血球的主要構成物質為血紅蛋白，負責在血液中將氧氣運送到全身的重要任務。而所謂血紅蛋白，是由血鐵質（Heme）及球蛋白（蛋白質）組合而成的複合體，就如同字面意義一般，本身就屬於蛋白質。也因此**一旦有蛋白質不足的情形，必然會無法製造紅血球，有時就會出現貧血的症狀。**

當然引起貧血的原因並不只有缺乏蛋白質這一項，還有缺乏鐵質、維生素B_{12}、葉酸等營養素，患有胃潰瘍、胃癌等消化系統的疾病，或是腎功能低下等各式各樣的原因都可能造成。若是平時都有確實攝取均衡的飲食卻還是有持續貧血的情況時，則應該去醫院接受診療。

一旦置之不理可能會發生嚴重後果的貧血

雖然貧血不太容易自我察覺，不過一旦有下列症狀，就表示身體可能已經有貧血現象了。若不進行治療置之不理，也可能會引起子宮肌瘤等女性特有的疾病，或是胃潰瘍、肝硬化等疾病。

經常感到沒來由地疲憊、意志消沉時……要特別當心。

主要症狀

- **容易疲勞、倦怠**
- **心情憂鬱**
- **覺得爬樓梯很累**
- **臉色很差**
- **思考遲鈍**
- **心悸、喘氣**
- **站起來時暈眩、頭昏**
- **手腳冰冷**
- **指甲脆弱**

血紅蛋白也是由蛋白質製造的

血液中的細胞大多是紅血球，而紅血球中的色素成分血紅蛋白，負責的工作就是將氧氣運送到體內各組織。一旦血紅蛋白不足，就無法運送充分的氧氣而引起貧血狀態。

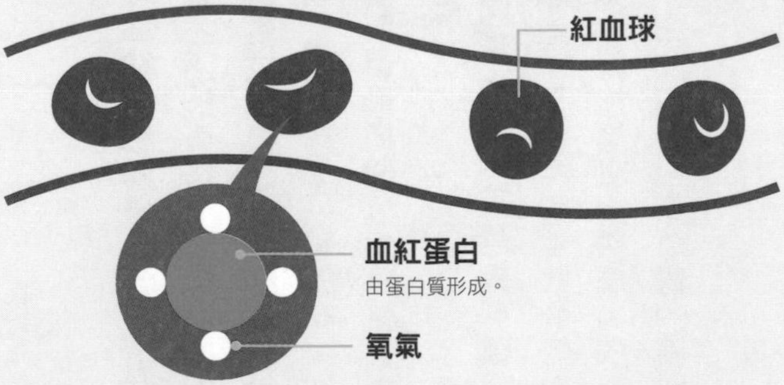
紅血球
血紅蛋白
由蛋白質形成。
氧氣

若想到老也能健步如飛，更要攝取蛋白質

缺乏蛋白質可能會危及性命

人在邁入中高齡後，有不少人會為了健康或是防止身體肌力衰退而開始養成健走等運動習慣，不過想要達到目的，前提是每餐都要攝取一定量的蛋白質。如果是沒吃早餐或是在沒有攝取蛋白質的情況下就去走路運動，那其實是非常危險的。因為這反而會把原本要送到肌肉的營養當作能量消耗掉，然後讓肌肉逐漸地減少。

目前已有資料顯示，蛋白質的攝取量在高齡者尤其重要。在美國有一項以2千名以上70～79歲的高齡者為對象進行為期3年的追蹤調查，其資料顯示**大多數高齡者在這3年間的除脂肪體重（主要可視為肌肉量）有顯著下降的情形，但有部分高齡者的下降率卻比較緩慢。針對這些人員進行更詳細的飲食生活調查後，發現肌肉下降率低的人其所攝取的蛋白質量是最高的**，該群組每天的總蛋白質攝取量平均為1．1公克／每公斤體重。而蛋白質攝取量最少的群組，每天的總蛋白質攝取量平均為則為0．7公克／每公斤體重。**比較兩者的肌肉量之後，其差異可達到40％。**大家可能沒有想過，只是在蛋白質的攝取量上有這麼微小的差異，就能讓肌肉量流失的速度增加得如此之快吧！由此可知，蛋白質的攝取量真的非常值得重視。

不要讓自己陷入缺乏蛋白質的狀態

雖然為了健康最好多走路或多運動，但每一餐都要攝取蛋白質也是維持肌力不可或缺的條件。

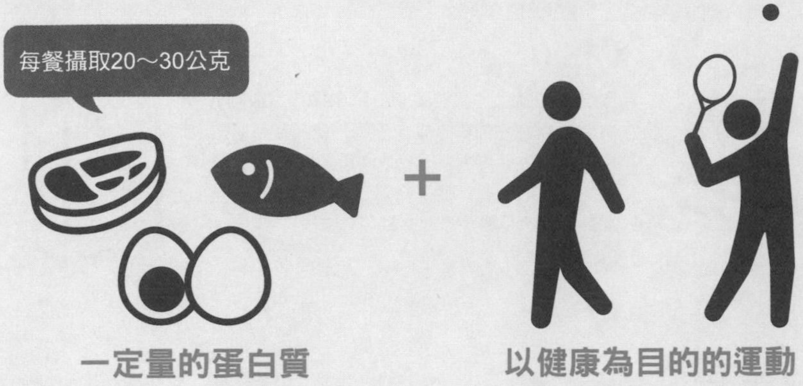

重新檢視自己的飲食生活是否有確實攝取到蛋白質

相對於平均蛋白質攝取量最低的族群，攝取量高的族群可抑制40％的肌肉流失情形。

蛋白質攝取量與除脂肪體重減少量之比較

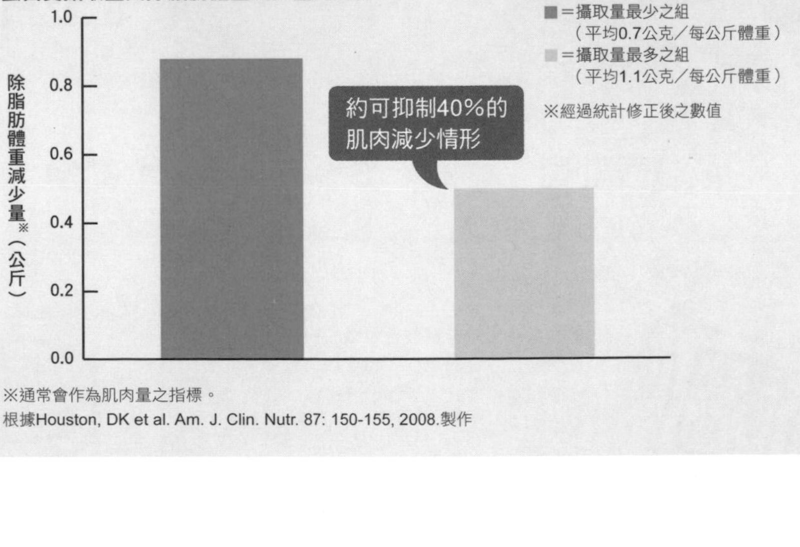

※通常會作為肌肉量之指標。

根據Houston, DK et al. Am. J. Clin. Nutr. 87: 150-155, 2008.製作

quiz

哪種食物更能增加肌肉和變瘦？②

Ⓐ 希臘優格 VS Ⓑ 成分無調整豆乳

答案：Ⓐ

希臘優格的動物性蛋白質十分豐富，每100公克含有10公克左右的蛋白質。而成分無調整豆乳的蛋白質為植物性蛋白質，每100公克只有3.6公克左右的蛋白質。動物性蛋白質比植物性蛋白質更容易形成肌肉及讓身體變成易瘦體質。

Ⓐ 米飯、味噌湯、納豆 VS Ⓑ 培根煎蛋、吐司、牛奶

答案：Ⓑ

選項B的西式早餐能攝取到豐富的動物性蛋白質，更容易讓人有飽足感及長出肌肉。養生低脂的選項A的日式早餐則是蛋白質稍嫌不足，因此在吃日式早餐的時候，最好可以搭配雞蛋或起司一起吃。

Ⓐ 披薩吐司 VS Ⓑ 鬆餅

答案：Ⓐ

兩者都是高熱量早餐，但選項Ａ的披薩吐司含有更高的蛋白質攝取量，還可以攝取到起司或火腿等優質蛋白質。選項B的鬆餅雖然有使用到雞蛋及牛奶，但因為只混合了鬆餅粉，所以蛋白質的攝取量還是比較低。

第3章

每天從飲食中
攝取蛋白質的訣竅

每個人的蛋白質需求量各不相同！

每公斤體重之標準攝取量為0．9公克

我們每天應該攝取多少蛋白質才適合呢？

根據日本厚生勞動省制定的「日本人之飲食攝取標準（2015年版）」，**一天的建議蛋白質攝取量在18歲以上之男性為60公克、女性為50公克。**〔註：台灣每日建議攝取量為成年人（19～70歲）1．1公克／公斤；70歲以上1．2公克／公斤。〕

但這個數值是從大多數人的平均所計算出的標準值，更謹慎地說，每個人的蛋白質需求量應該視其身體活動量等級及體型大小而定，因此每個人的需求量並不相同。**如果某人的活動量是以文書工作、家事、通勤、購物、偶爾輕度運動等活動為主的「普通」等級，每天所需的蛋白質量為每公斤體重0．9公克。**假設體重為60公斤的人，每天的建議攝取量就是54公克。

另一方面，**如果是懷孕、哺乳期的女性，或者是體型較壯碩、從事勞力工作等身體活動量等級「高」的人，則需要更多的蛋白質。**其中若是有經常進行肌力訓練或激烈運動習慣的人，每公斤體重的理想攝取量最多更可達到1．6公克。此外，高齡者也需要較高的攝取量，為1．06公克／每公斤體重。

蛋白質是構成肌肉、血管、內臟器官、骨骼、皮膚、毛髮、荷爾蒙等身體組織不可或缺的原料，所以大家都應該要了解符合自己身體活動量及體格的蛋白質需求量，並進行適當地攝取。

自己的蛋白質需求量為多少？

標準

男性 1天
60公克

女性 1天
50公克

⊙身體活動量等級為「普通」的人 ※1

體重				每天的蛋白質需求量
☐ 公斤	×	0.9 公克	=	☐ 公克

※1　所謂普通的身體活動量，是指從事文書工作，並進行一天總計2小時的通勤、購物等移動或家事勞動，以及花費30分鐘左右在上班期間辦公室內的移動等狀態。

⊙經常運動或進行肌力訓練的人

體重				每天的蛋白質需求量
☐ 公斤	×	1.6※2 公克	=	☐ 公克

※2　根據活動量的多寡，幅度可在1.0～2.2之間調整。

⊙高齡者 ※3

體重				每天的蛋白質需求量
☐ 公斤	×	1.06 公克	=	☐ 公克

※3　建議70歲以上之高齡者。

可用手掌的大小來測量蛋白質攝取量

若為肉類或魚類，一手掌的量約為20公克

每天的蛋白質需求量標準為50～60公克，需求量較高的人則大約為90公克，也就是每餐要攝取20～30公克。要滿足這個需求量，就必須先了解什麼樣的食物含有多少量的蛋白質。雖說如此，每次用餐時都要去計算食物整體的蛋白質量是不可能的，所以**這裡希望大家能夠掌握的，是一人份食物的分量以及其中所含的蛋白質量。**只要將這個數值大概記在腦中，將來在看到菜單進行點菜時就可以作為蛋白質是否足夠的參考了。

舉例來說，**小顆（50公克）的雞蛋一顆、200毫升的牛奶一杯和一小盤（100公克）的豆腐，各自含有6～7公克的蛋白質，而一片菲力牛排（100公克）則含有大約20公克的蛋白質。**

像這樣針對平常經常吃到的食材，事先將一人份食物的蛋白質含量記在腦袋裡可以說是非常方便。至於烹調食物的話，則可以用自己的手掌來作為要用多少肉類或魚類的標準。手掌大小的肉類或魚類總量大約為100公克，因此所含的蛋白質可推估為20公克。

希望大家都能大致掌握自己是否有攝取到應有的蛋白質量，並養成習慣，在發現攝取量不足的時候適當地補充。

目測食物的蛋白質含量

肉類、魚貝類、雞蛋、牛奶及乳製品、大豆及大豆製品等五大類食物，是大家每天都應該攝取的蛋白質食物，事先記住這些食物含有多少量的蛋白質十分方便。

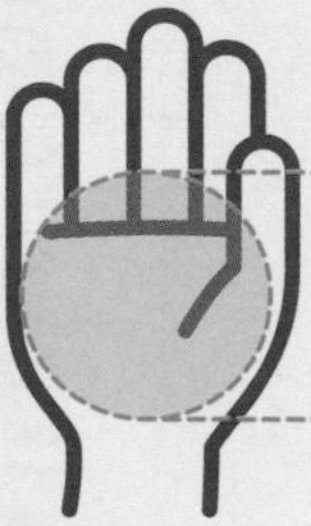

單手手掌大小的分量

動物性

肉類
（100 公克左右）
16 ～ 20 公克

動物性

魚貝類
（100 公克左右）
16 ～ 20 公克

植物性

豆腐 1/3 塊
（大約 100 公克）
6 ～ 7 公克

動物性

牛奶 1 杯
（大約 200 毫升）
6 ～ 7 公克

植物性

豆漿 1 杯
（大約 200 毫升）
6 ～ 7 公克

動物性

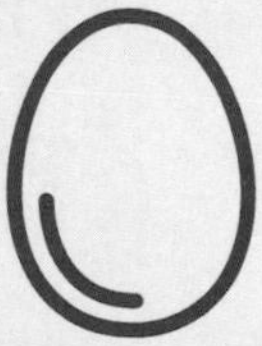

雞蛋 1 個
約 7 公克

植物性

納豆 1 盒
（大約 50 公克）
約 8 公克

植物性

油炸豆皮 1 片
（大約 30 公克）
約 7 公克

每餐的蛋白質攝取量不可過多也不可過少！

每餐的攝取量應維持在20～30公克

一天所需要的蛋白質量，應該要從三餐平均攝取才是正確的做法。尤其是想要增加肌肉的時候，更要特別注意每一餐的攝取量。身體活動量等級偏高的人，每1公斤體重應攝取1．6公克的蛋白質，換算成體重60公斤的人就是一天要攝取96公克的蛋白質，也就是每一餐攝取蛋白質的目標是32公克。

每一餐的蛋白質攝取量不可過多也不可以過少。舉例來說，即使想用一餐把96公克的蛋白質一口氣攝取完畢，不僅會因攝取的量過多而顯得不切實際，而且體內也利用不了這麼多的蛋白質，多餘的部分只會被排出體外而已。另一方面，如果是少量多次，每次只攝取不到20公克的蛋白質，也同樣沒有什麼意義。因為體內要合成肌肉，首先要從血中的胺基酸濃度上升開始，因此一旦蛋白質的攝取量不夠，血中的胺基酸濃度就無法上升，自然也就無法啟動合成肌肉的過程。而且不只如此，甚至還會因為蛋白質不足而引起肌肉分解。

為了能夠維持血中的胺基酸濃度，最好以一日三餐、每餐集中攝取20～30公克蛋白質的方式來進行，而且選擇以肉類或魚類為主的菜色會更有效率，因為100公克的瘦肉就能攝取到大約20公克的蛋白質。然後再另外補充配菜或乳製品，就可以充分攝取到合成肌肉所需要的蛋白質了。

集中攝取蛋白質的方式是正確的嗎？

假設一天所需的蛋白質總量是60公克的話，若要一次攝取到位就是300公克的菲力牛排，以現實來說不太容易做到。而且在空腹時肌肉中蛋白質的分解速度還會加快，反而會導致肌肉更容易減少。

分成少量多次的攝取方式效果也不佳

如果每次攝取到的蛋白質都過於少量，就會無法啟動肌肉合成的開關，因此不要分成太多次進食，而是每一餐攝取20～30公克的蛋白質。

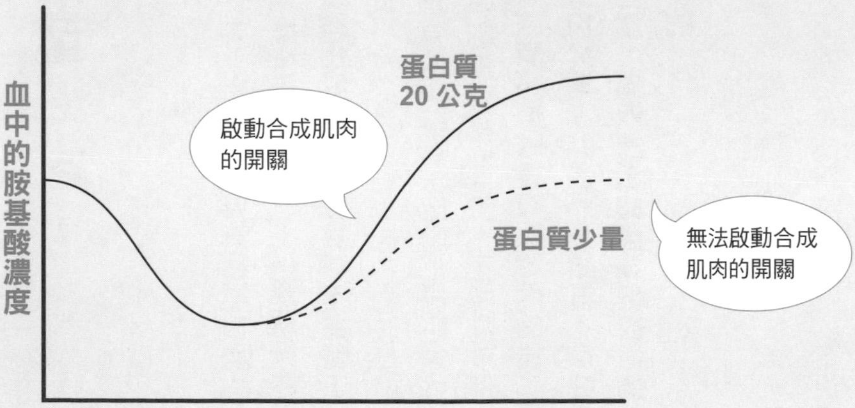

與維生素D一起攝取有助增加肌肉量

維生素與醣類能幫助肌肉合成

增加肌肉所需要的營養素並非只有蛋白質，要想在維持健康的同時又能有效率地長出肌肉，就需要一併攝取能幫助肌肉合成的其他營養素。下面所介紹的，就是建議可以與蛋白質一同攝取或是可以幫助蛋白質合成的其他營養素。

例如能幫助身體吸收鈣質並運送到骨骼或牙齒的「維生素D」，就是一種與肌肉合成有關的維生素。**維生素D除了在身體曬太陽後能夠自行製造外，也可以透過魚貝類或菇類等食物攝取。**當維生素D與蛋白質一併攝取時，可以更加地促進肌肉合成。

另外，能有效緩解訓練所造成之肌肉疲勞的「維生素B群」，也是大家應該積極攝取的營養素。尤其是**「維生素B_1」，可以幫助身體將累積的疲勞物質轉化成能量，讓身體不易留下疲勞或倦怠感。**

然後就是重要的「醣類」。最近很多人為了減重會一邊限制醣類攝取量，一邊進行健身訓練，然而，**限制醣類攝取會導致體內的能量不足，反而促進肌肉分解。**為了不要讓好不容易進行的健身訓練泡湯，攝取適量的醣類對於肌肉的生長仍然是必要的。

建議與蛋白質一同攝取的營養素

⊙維生素 D

因為同時也參與了肌肉合成而受到注目的維生素D，能藉由曬太陽在體內自行製造出來。

⊙鈣質

構成骨骼或牙齒的鈣質，同時也參與了神經的作用與肌肉的收縮。

⊙維生素 C

維生素C能幫助蛋白質的合成，同時還參與了抗壓荷爾蒙的代謝過程。此外還含有能防止活性氧作用的抗氧化物質。

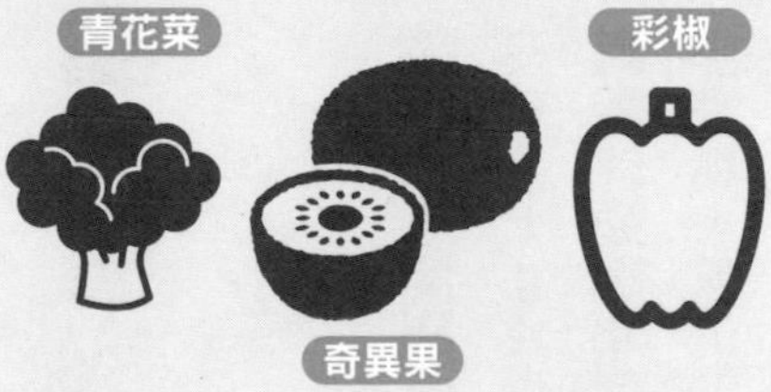

⊙維生素 B 群

幫助蛋白質、醣類與脂質代謝之營養素。由於會從尿液流失，建議經常攝取以避免缺乏。

⊙鋅、鐵

鋅是幫助維持肌肉及生長荷爾蒙作用中不可缺少的營養素，而鐵則是與細胞能量代謝及膠原蛋白的製造有關，兩者都是日本人經常缺乏的營養素。

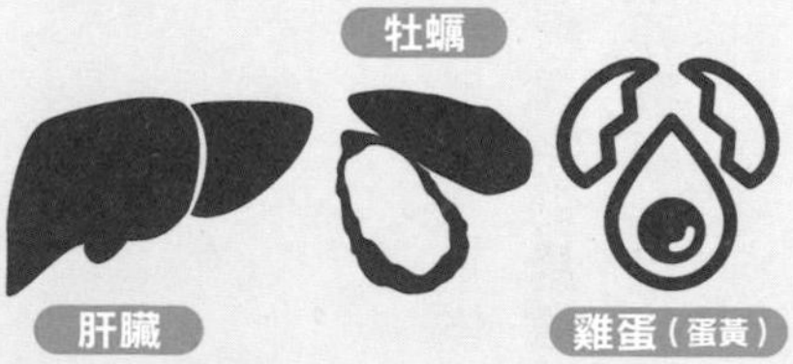

⊙醣類

雖然感覺容易發胖而讓人敬而遠之，但為了提升肌力仍應該適度地攝取。

早上攝取蛋白質讓人不易發胖

藉由早餐攝取蛋白質來打開肌肉合成的開關

當我們從飲食中攝取到蛋白質後，肌肉內就會開始合成肌蛋白。不過隨著時間過去，肌肉就會從合成過程一變，進入分解過程。而在一天中兩餐間隔時間最久的晚餐後到早餐前這段期間，因為沒有新的蛋白質供應，所以體內的肌肉分解過程會持續進行。**這也是為什麼希望大家能在早餐時段刻意去攝取充分的蛋白質，因為這樣才能將肌肉分解的開關切換到肌肉合成。**

可是去如果檢視我們的飲食生活，會發現我們通常在晚餐時吃得比較豐盛，容易攝取到肉類或魚類的蛋白質，而相反地，早餐或午餐卻總是以碳水化合物為主，往往沒有攝取到足夠的蛋白質。**尤其是很多人經常都不吃的早餐，平均也只有7～8公克左右的蛋白質，根本完全無法達到每一餐20公克的目標攝取量。**而實際上目前也已發現，愈是不吃早餐的年輕人肌肉量就愈少。而且愈是不愛吃早餐的孩童愈容易攝取過多的碳水化合物，而有更高的肥胖比例。

為了自己的健康，不只一定要吃早餐，而且也要注意蛋白質的攝取量來促進肌肉合成。若是不方便從食物來攝取蛋白質，也可以利用蛋白粉等健康食品，儘量能在一餐內攝取到20公克的目標值。

注意早餐所含的蛋白質是否足夠

即使一整天有攝取到足夠的蛋白質，但如果去檢視每一餐的內容，會發現早餐經常有蛋白質不足的情形。尤其是晚餐後到早餐前這段期間的空腹時間最長，所以請記得在早餐時要刻意地去攝取蛋白質。

⊙每一餐的蛋白質攝取量

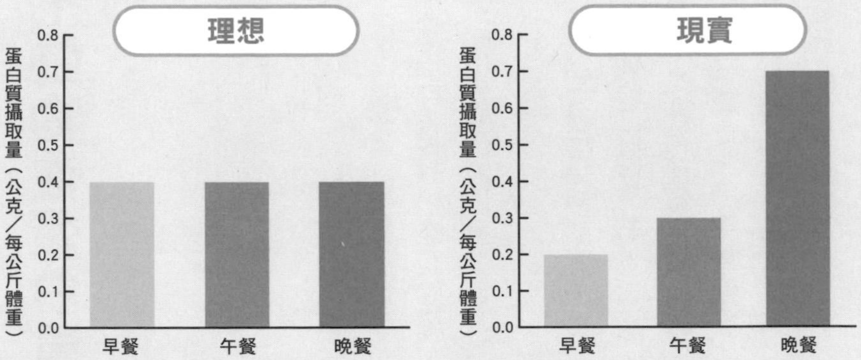

出處：根據Moore et al. J Gerontol 2015, Paddon-Jones and Rasmussen Curr Opin Clin Nutr Metab Care 2009製作

哪些食物可以輕鬆攝取到蛋白質？

白胺酸這種必需胺基酸因為可以啟動肌肉合成的過程而備受矚目，而乳製品是最容易讓血中白胺酸濃度一口氣上升的食物。令人開心的是，即便是匆忙的早晨，也可以透過這類食物輕鬆攝取蛋白質。

有效減重！動物性蛋白質的選擇方法

多一點白胺酸少一點脂肪

雖然富含優質蛋白質但同時也含大量脂質的動物性蛋白質，乍看之下會讓人感覺很不適合用於美容及瘦身，但**只要選對了種類，能有效率地長出肌肉的動物性蛋白質也能在減重與美容派上用場。**

而在**這裡要請大家特別去積極攝取的，是含有必需胺基酸之一「白胺酸」的食物。**白胺酸的作用能促進肌肉合成，是非常優質的胺基酸（詳情請參照第90頁），**在鰈魚、黑鮪魚等魚類，以及雞胸肉、豬里肌肉等瘦肉中有豐富的白胺酸**，是非常適合用於減重的動物性食品。

此外，儘量選擇低脂肪的動物性食品也是很重要的一環。以肉類來說，脂肪含量愈高，熱量自然也就愈高，所以在減重時要儘量避免攝取。

再來蛋白質還有一個特性，那就是吸收、消化的速度愈快，就愈能有效率地形成肌肉。換句話說，脂肪含量愈少、在形狀上愈容易消化的蛋白質食物，在消化之後愈容易形成肌肉。因此，**低脂牛奶優於全脂牛乳；去皮雞胸肉與雞里肌肉優於雞腿肉；豬絞肉優於豬塊肉，這些都是更適合用於減重的食物。**而以鯖魚罐頭或鮪魚罐頭來說，也是水煮比油漬好。

有助於瘦身的動物性蛋白質攝取方法

每餐攝取含有豐富白胺酸的食材

白胺酸這種胺基酸在構成身體方面具有極大的作用，在肉類、魚貝類、蛋類、乳製品等優質蛋白質來源中含有豐富的白胺酸，建議每餐都要攝取。

低脂肪的蛋白質能有效率地形成肌肉

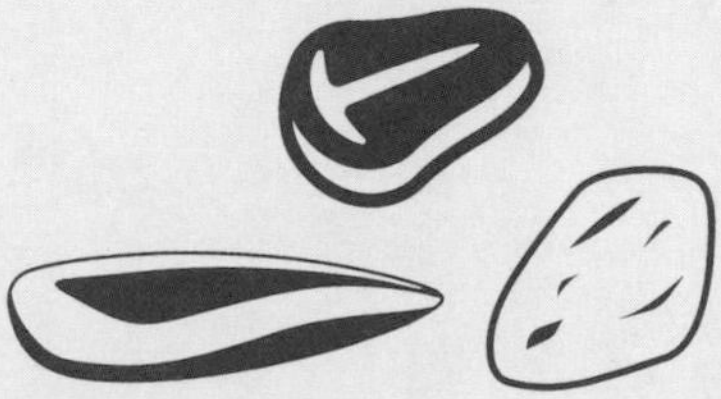

想要有效率地形成肌肉，就必須快速地消化蛋白質。而脂質會拖慢消化吸收的速度，因此要儘量選擇脂肪含量少的蛋白質來源。

烹調重點

肉類方面選擇絞肉比塊狀的肉更好

在選擇肉類的時候，絞肉比塊狀的肉更容易順利吸收到體內，而且因為脂質需要花比較多時間消化，所以在烹調時不要使用油類或是儘量減油。

能夠長期保存的罐頭非常方便

想要每餐都能攝取到蛋白質，能夠長期保存的罐頭是非常方便的食物。尤其是鮪魚、鯖魚或沙丁魚等魚類罐頭更是推薦。選擇水煮的更勝於油漬。

健康減重！植物性蛋白質的選擇方法

因為脂肪含量低所以多攝取一些也沒問題

若想要真正長出肌肉，減重期間就更要攝取動物性蛋白質，可是若為了這個原因而攝取過多的動物性蛋白質，又可能會因為熱量及脂肪過量而減重失敗，所以此時一定要牢牢記住，在攝取必要蛋白質的同時，在飲食上也要極力減少脂肪及熱量。而這個時候，含有植物性蛋白質的食物就是最好的夥伴了。

減重過程中最適合攝取的植物性蛋白質代表性食物，就是大豆及大豆產品了。這一類食物有低脂肪、低熱量的特質，而且還含有豐富又均衡的白胺酸及其他必需胺基酸，因此能確實發揮幫助肌肉合成的作用。即使多攝取一些也不用擔心會攝取到過多的熱量，是減重過程中最適合用來填飽肚子的食材。只要把動物性蛋白質中的一部分改成植物性蛋白質，不但在營養上更均衡，而且在味道上也能有更多的變化。

另外，蕎麥麵、義大利麵、小米或糙米等穀類中也含有蛋白質。雖然很適合作為主食，但因為畢竟是穀類，還是要注意其中的醣分。若是攝取過多的話會讓血糖上升及體脂肪增加，所以減重時仍應注意攝取的量不要過多。

有助於瘦身的植物性蛋白質攝取方法

豆腐的話木棉豆腐比嫩豆腐更適合

豆類或大豆產品是含有豐富胺基酸的優質蛋白質來源，由於白胺酸的含量也很豐富，所以有助於肌肉合成。在選擇時，最好選蛋白質含量比嫩豆腐還要高的木棉豆腐。

以低熱量、低脂肪的食材為主

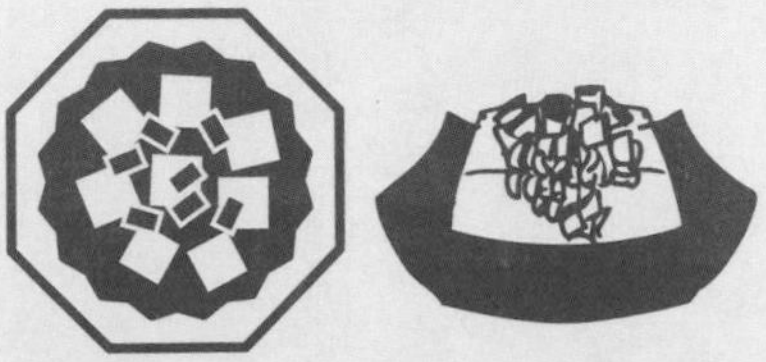

由於大部分植物性蛋白質食物的熱量較低，所以即使大量攝取也不容易轉換成脂肪。此外，大豆所含的蛋白質，還有提高脂肪分解相關荷爾蒙之分泌量的作用。

烹調重點

與動物性蛋白質互相搭配

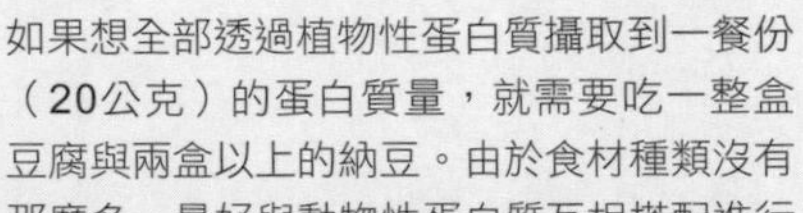

如果想全部透過植物性蛋白質攝取到一餐份（20公克）的蛋白質量，就需要吃一整盒豆腐與兩盒以上的納豆。由於食材種類沒有那麼多，最好與動物性蛋白質互相搭配進行烹調。

如果要選擇穀物的話，要注意每餐的分量

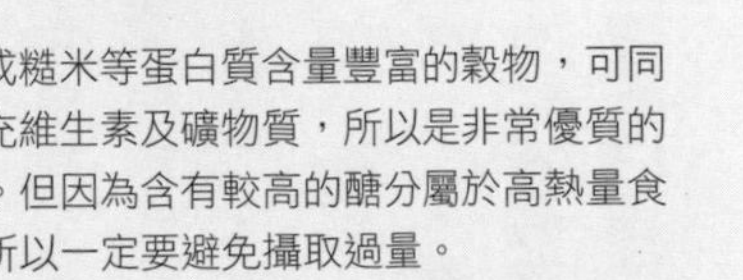

小米或糙米等蛋白質含量豐富的穀物，可同時補充維生素及礦物質，所以是非常優質的食材。但因為含有較高的醣分屬於高熱量食物，所以一定要避免攝取過量。

動物性蛋白質與植物性蛋白質的比例為1比1

減少攝取脂肪並同時攝取兩種蛋白質最為理想

蛋白質的品質標準可以用胺基酸分數來進行評估（參照第26頁），而**幾乎所有的動物性蛋白質都含有均衡的必需胺基酸，進入體內的吸收率也能達到95%以上**，而且還含有豐富的白胺酸，是能夠幫助肌肉合成的胺基酸之一。另一方面，**在植物性蛋白質的來源中，有些食物缺乏某些必需胺基酸，且進入體內的吸收率也只有80～85%左右。**從這一點來看，有些人可能會覺得「那我只要攝取動物性蛋白質就夠了」，但其實在考慮菜色的時候，兩種蛋白質都應該要一併納入考量才對。

動物性蛋白質讓人在意的地方就是肉類中所含的脂肪，由於脂質會拖慢消化吸收的速度，在想要快速攝取營養的時候並不適合。即使食材本身所含的脂質含量不高，也可能因為烹調方式而讓油脂過多，一旦攝取過量可能會讓熱量超標。而在植物性蛋白質方面，豆類或大豆製品含有均衡的必需胺基酸，且又是低脂肪、低熱量的食物，脂肪燃燒效果比動物性蛋白質還要高，往往會建議在減重期間食用，可是以一餐的重量來比較的話，蛋白質的含量又比動物性蛋白質還低。由於每一餐都吃類似食物的話很容易感到膩，所以最好的方式就是兩者互相搭配。**動物性蛋白質的攝取比例如果低於30%的話容易有胺基酸不均衡的情形，所以建議將兩種蛋白質以1比1的比例搭配。**

動物性蛋白質與植物性蛋白質之搭配

1 : 1

⊙早餐推薦食材

為了補充睡眠中流失的胺基酸，早餐應該要確實攝取足夠的蛋白質。若早上時間緊迫的話，雞蛋＋大豆產品的組合十分方便。若想要再增加一點，可以再加上優格或起司。

動物性 雞蛋

植物性 納豆

⊙午餐推薦食材

雖然義大利麵或蓋飯十分方便，但所含的醣類也不少。儘管醣類作為能量來源也很重要，不過還是要注意不要攝取過量導致熱量超標。同時記得也要攝取肉類或魚類及蔬菜的營養。

動物性 肉類

植物性 穀類

⊙晚餐推薦食材

若是想要減重，晚上減少醣類的攝取量也是一種方法，取而代之的是要在菜色上多花一些心思，確實地攝取蛋白質。可以將肉類或魚貝類作為主菜，再搭配蔬菜等食物，就是營養均衡的一餐了。

動物性 魚類

植物性 豆腐

儘量利用便利商店的食品

眾多商品能輕鬆攝取到蛋白質來源

一天三餐都攝取到充分的蛋白質，乍看之下似乎很簡單，但實際上卻出乎意料地困難。**若想要攝取到好吃又有飽足感的蛋白質，就需要考慮到很多食材及菜色。**

這種時候，能夠方便派上用場的就是便利商店的食材。近來，便利商店裡通常都會販賣使用到高蛋白質雞胸肉的即食雞肉、水煮蛋、毛豆、起司、優格等食材，只要直接食用就能攝取到優質的蛋白質來源，而且種類還十分豐富。還有鯖魚罐頭或魚肉香腸等水產加工品，簡單又健康，是很受歡迎的蛋白質來源。此外，像是高蛋白能量棒或能量果凍飲料，在進行有氧運動或肌力訓練時能輕鬆補充營養的食品種類也很豐富。只要將食材互相搭配，或是改變沙拉醬或醬料的口味，即使長期吃下來也不會吃膩。

然後便利商店食品還有一個最棒的優點，那就是幾乎所有的食品上都有標示營養成分。包括食品中所含的蛋白質、熱量、糖分及脂質，都有標示出含量，可以輕鬆掌握到自己攝取到的分量。

即使每一天都很忙碌，只要能夠聰明利用便利商店的食品，就掌握得到蛋白質的攝取量。而開心地尋找各種適合的食材，也是能夠長久與蛋白質相處下去的祕訣。

便利商店能買到的高蛋白質食材

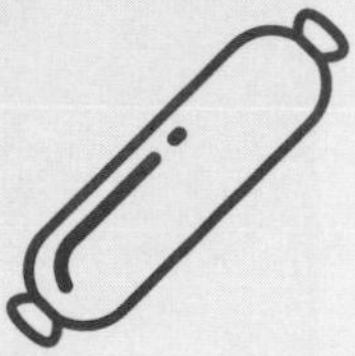

魚肉香腸
（每根）
蛋白質含量約 10 公克

加工起司
（每個）
蛋白質含量約 3 公克

即食雞肉
（每包 115 公克）
蛋白質含量約 24 公克

可善加利用的補給食品

蛋白質果凍

高能量蛋白棒

水煮蛋
（每個）
蛋白質含量約 6 ～ 8 公克

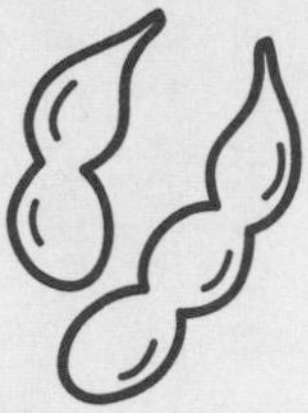

毛豆
（每包 65 公克）
蛋白質含量約 8 公克

查看營養成分表

⊙以便利商店的白煮蛋為例

營養成分標示（每個）

能量	66大卡
蛋白質	6.0公克
脂質	4.4公克
碳水化合物	0.6公克
鈉	224毫克

在食品包裝背面的營養成分標示上，可以確認食品所含的蛋白質、能量、碳水化合物、脂質等資訊。

什麼是異化作用？什麼是同化作用？

在適當的時機補充蛋白質

醣類是我們身體的主要能量來源，當我們少吃一餐或是為了減重而限制醣類攝取時，體內會因來不及供應醣類進而導致缺乏能量來源的問題。這個時候代替醣類作為能量來源被身體利用的，就是體脂肪或構成肌肉的蛋白質。

為了將肌肉蛋白質轉變成能源而進行的分解過程稱為「異化作用」。相反的則是「同化作用」，指的是身體從飲食中攝取到蛋白質且血中胺基酸的濃度上升後，開始在肌肉內合成肌蛋白的過程。肌肉就是這樣一整天不斷地重複合成與分解，也就是同化作用與異化作用交互運作的狀態。這種機制是新生肌肉組織不可或缺的一環，

但問題就出在兩者是否平衡。一旦沒有適當地攝取蛋白質，身體就會偏向異化作用，讓肌肉分解並持續減少。

為了避免異化作用持續進行下去並促進同化作用，最重要的便是在適當的時機攝取蛋白質。第一步就是如同第72頁所說的，一定要在早餐確實地攝取蛋白質；然後在午餐時，除了攝取蛋白質之外，也要一併攝取適量的醣類，以避免身體陷入能量不足的狀態；而在晚餐時，為了面對晚上會發生的異化作用，更要充分地攝取優質的蛋白質。

肌肉在一天之內會不斷重複增減的過程

當體內處於能量不足的狀態（空腹）時，會分解脂肪以及蛋白質來補充能量，這個過程稱為異化作用；另一方面，在用餐過後血糖上升時，胰臟分泌的胰島素會將胺基酸運送到肌肉，開始進行肌肉合成，這個過程則稱為同化作用。就像這樣，肌肉隨時都在重複著分解（異化作用）及合成（同化作用）的過程。

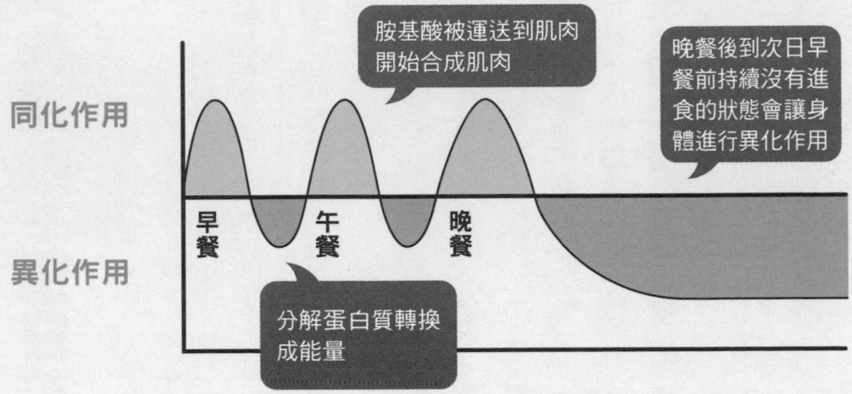

少吃一餐的減重法反而會讓身體發胖……

空腹的時間愈長，就會讓肌肉不斷地被分解。少吃一餐的節食法不但不會變瘦，還會讓身體變得容易發胖。

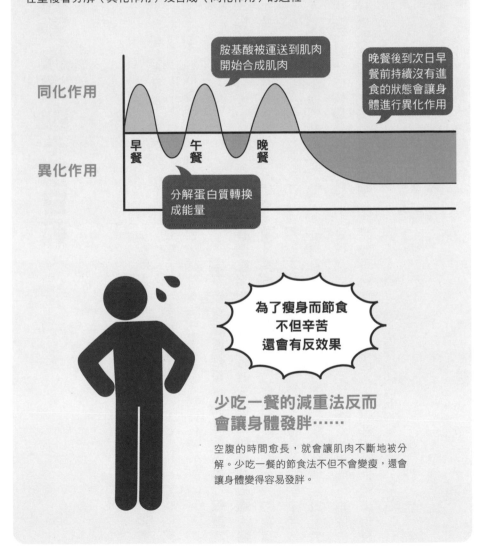

形成肌肉要靠運動＋蛋白質

肌力訓練或有氧運動能加快肌肉合成的速度

想要增加肌肉，除了攝取蛋白質之外，還要進行適度的運動。

其中最有效率的運動就是肌力訓練。說到肌力訓練，大家經常會誤以為那是專為想要練出雄壯肌肉的人而設計的，但其實不僅止於此。由於肌力運動是任何人都能做的運動，且易於培養長期的習慣，所以**很適合推薦給只想要減少一些脂肪的人、想讓身材更緊實的人、還有沒有運動習慣的人。**

增加肌肉最大的好處，就在於提高身體的基礎代謝量。基礎代謝量指的是體內進行血液循環、呼吸作用等為了維持生命而消耗的能量。由於肌肉愈多基礎代謝量就愈高，所以光是肌肉增加的部分所需的能量就會增加，而這一點有助於預防肥胖及生活習慣病，維持身體的健康。

還有走路或慢跑等有氧運動也是，雖然沒有像肌力訓練那麼有效，但也能提高基礎代謝量及維持肌肉量。有氧運動能促進全身的血液循環，尤其是對高齡者來說，進行有氧運動讓血液循環變好就代表了營養更容易到達全身各處，也更容易促進飯後的肌肉合成作用。由於運動後身體一定會進行異化作用，所以在運動之前請記得要補充蛋白質，這樣才能抑制肌肉的分解並加速同化作用。

加上有氧運動或肌力訓練可以提升效果

慢跑中

↓

肌肉分解成胺基酸

↓

分解的胺基酸轉變成能量

↓

肌肉量逐漸減少（異化作用）

慢跑

當我們在慢跑時，體內會將肌肉分解成胺基酸作為能量使用。大家很容易以為使用的肌肉不會像肌力訓練那麼多，但其實如果沒有將流失的蛋白質補充回來的話，肌肉仍會逐漸減少下去。

血液循環的順暢度也與肌肉有關

血液循環不好的話，原料就不容易運送到肌肉。

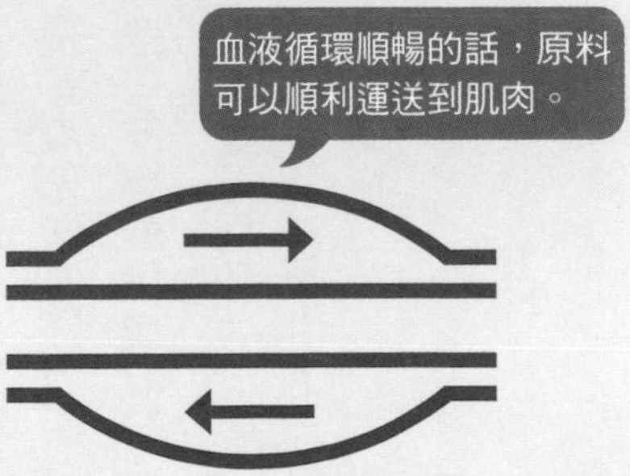
血液循環順暢的話，原料可以順利運送到肌肉。

胺基酸是形成肌肉的原料並且是藉由血液來運送的，因此血液循環好的話，胺基酸的輸送過程也會很順暢，也就更容易合成肌肉；而如果血液循環不好的話，原料會難以運送，也就不容易形成肌肉了。

要在肌力運動前還是運動後攝取蛋白質？

運動前及運動後兩者沒有明顯的差異

如前文所說，運動與攝取蛋白質一定要成套進行。**尤其是過度使用肌肉的肌力訓練，在運動過程中會不斷進行肌肉的分解，並在運動後開始進行肌肉合成。這個時候如果沒有適當地補充蛋白質的話，身體就只有進行異化作用而無法長出肌肉，好不容易完成的肌力訓練也就等於白費功夫了。**為了避免這種情形，運動時一定要補充蛋白質來幫助肌肉合成。

那麼蛋白質的攝取時機，應該要在肌力訓練的之前還是之後才會對增加肌肉更有效果呢？

由實驗報告結果得知，比較肌力訓練前攝取蛋白質與運動後攝取蛋白質對肌肉造成的效果，並沒有明顯的差異。雖然也有報告指出血液中的胺基酸濃度會在飯後30～40分鐘開始上升，但大家還是可以根據當天的行程安排或生活作息將用餐與運動的順序前後對調，因為對肌肉產生的效果幾乎都是一樣的。**重要的是大家一定要養成習慣，「將運動與攝取蛋白質成套進行」。**這種時候如果手邊有事先儲備好的蛋白質食材那就非常方便了，像是能夠輕鬆攝取的蛋白質飲料，或是含有豐富白胺酸能幫助肌肉合成的優格，還有在超市等地方就能簡單買到的即食雞胸肉等，都是非常適合的食材。

進行肌力訓練時一定要攝取蛋白質

如果想要進行肌力訓練的話，請記得一定要攝取蛋白質，可在肌力訓練結束後在晚餐充分攝取，或是在吃過簡單的早餐後再去進行肌力訓練。

若是在肌力訓練後攝取的話

肌力訓練
↓
蛋白質充分的晚餐

若是在肌力訓練前攝取的話

簡單的早餐
↓
肌力訓練

備好簡單又能有效攝取到蛋白質的食材來隨時補充

大多數人都以為只要持續進行肌力訓練，肌肉量就會自然地增加，但其實只有從飲食攝取到蛋白質，肌肉才會因為肌力訓練而變得碩大。因此，請準備好能夠輕鬆攝取或是容易消化吸收的食材，養成「運動＋攝取蛋白質」的習慣吧！

蛋白質飲料也很適合

由於蛋白質飲料不需要我們另外去調製，因此能夠很有效率地攝取到蛋白質。

選擇可以輕鬆攝取的食物

事先備好沒有時間時也能輕鬆攝取的食物，例如優格，它含有豐富的白胺酸，能夠啟動肌肉合成的開關，而且消化吸收的速度又快，能一口氣提高血液中的胺基酸濃度。

最好選擇瘦肉部分的絞肉或雞里肌肉

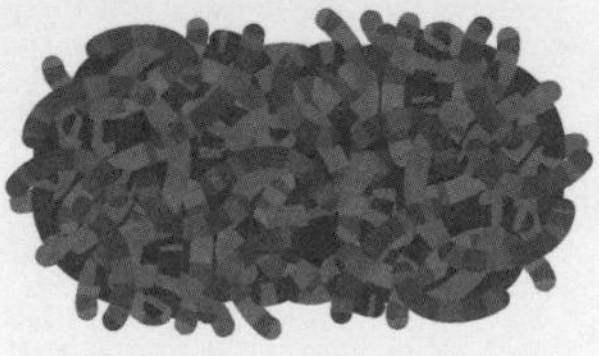

雞里肌肉屬於低脂肪高蛋白質的優質食物，而絞肉則是比起塊狀的肉更容易消化，這兩者都很適合用來補充蛋白質。不過，一般絞肉通常含有較多的脂肪會減緩消化吸收的時間，所以請儘量選擇瘦肉部分的絞肉。

沒有運動的日子就不需要蛋白質？

休息日也應該攝取蛋白質

如果運動與攝取蛋白質要成套進行的話，那沒有運動的日子是不是就沒有攝取蛋白質的必要了呢？答案絕對是NO！**即使是不必運動的日子，蛋白質的攝取也絕對不能休息。**

當我們在做運動的期間，肌肉會進入被分解的異化作用狀態，但只要在運動前後飲食，補充了蛋白質及作為能量來源的醣類之後，就會啟動肌肉合成的開關，開始進入同化作用。尤其是在接受了適當負荷的肌力訓練後24~48小時內，從左圖也可以清楚看出，此時是肌肉合成速度加快及有效攝取胺基酸的時段。也就是說，這段期間可以說就是肌肉再生的黃金時期。那麼，**如果在這段未運動的期間內沒有攝取蛋白質的話，會發生什麼事呢？那就是好不容易肌肉準備要開始再生了，結果卻因為缺乏足夠的原料，也就是蛋白質，於是無法啟動肌肉的合成作用。**

此外，有些人可能會在運動日與未運動日攝取不同量的蛋白質，但其實在運動後的休息日才更要攝取充分的蛋白質。希望大家能記得，每天的蛋白質攝取目標量都要與有運動的日子一樣，每1公斤體重要攝取1．6公克，每餐以20~30公克為目標，特別是在早上更要攝取到充分的蛋白質，才能有效地增強肌肉。

即使是沒有運動的時候也一定要攝取蛋白質！

雖然一般都建議在肌力訓練後最好馬上攝取蛋白質，但其實在運動後的24小時之後，肌肉的蛋白質合成率依然維持在高效率的狀態，所以即使在沒有進行肌力訓練的日子裡也應該要補充蛋白質。

運動促進的肌肉合成速度與運動後攝取蛋白質所造成的相乘效果

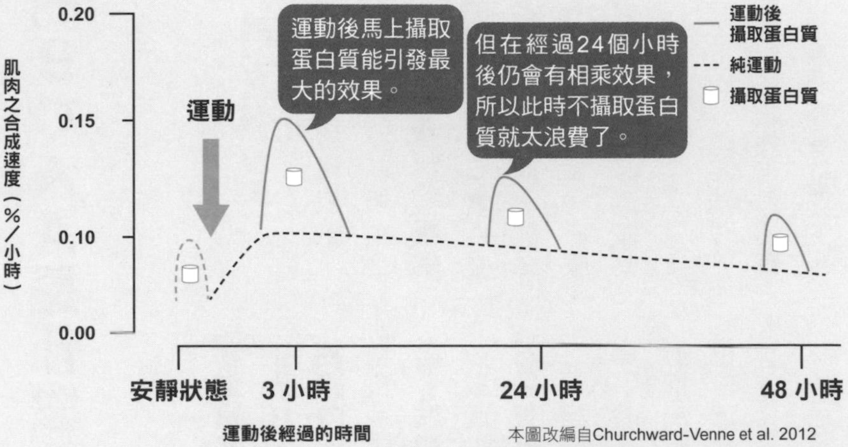

本圖改編自Churchward-Venne et al. 2012

攝取跟平常等量的蛋白質

能有效增肌的ＢＣＡＡ是什麼？

能夠活化肌肉合成作用的必需胺基酸

人體是由大約10萬種的蛋白質所構成的，而這些蛋白質全都是由僅僅20種的胺基酸組合而成。**其中有一種名為「ＢＣＡＡ」的胺基酸，與增強肌肉有非常大的關係。**ＢＣＡＡ是「Branched Chain Amino Acids」的簡稱，翻譯成中文則為「支鏈胺基酸」，其中包含「白胺酸」「異白胺酸」「纈胺酸」這三種必需胺基酸。

ＢＣＡＡ與其他胺基酸相比，特性就在於除了具有強烈的肌肉合成促進作用之外，還具有抑制肌肉分解的作用。其中負責此重要任務的，就是白胺酸。**白胺酸能活化一種名為「哺乳動物雷帕黴素標靶蛋白」（mammalian target of rapamycin, ｍＴＯＲ）的物質，該物質為肌肉細胞內的基因在命令肌肉進行合成作用時的傳導物質。所以在運動時只要攝取含有白胺酸的蛋白質，就能活化ｍＴＯＲ，合成更多的肌肉。**而根據調查也顯示，白胺酸攝取量偏低的高齡者，肌肉量有減少的傾向。

若想要攝取白胺酸含量豐富的食材，可選擇牛肉、雞蛋或白肉魚等食物。而如果是想要專心增加肌肉的話，還可以善用「乳清蛋白」「乳蛋白」及「酪蛋白」等能夠快速攝取到白胺酸的蛋白質。總而言之，若想要增加肌肉，注意胺基酸的品質是很重要的。

什麼是BCAA？

所謂BCAA，是白胺酸、異白胺酸、纈胺酸這三種必需胺基酸的總稱，能提高肌肉合成作用，並抑制肌肉的分解。由於白胺酸對於肌肉細胞內的基因能發揮強大的作用，所以建議大家要積極攝取。

BCAA 的好處

- 占構成肌肉比例的35%而且對於合成肌肉能發揮極大的效果。
- 會快速在肌肉內被代謝掉，所以不會對肝臟造成負擔。

BCAA 是三種胺基酸的總稱

白胺酸

纈胺酸　異白胺酸

白胺酸含量豐富的食材

白胺酸是BCAA中特別受到矚目的胺基酸，比其他的BCAA更具有強力的啟動肌肉合成作用。

白胺酸含量豐富的食材

凍豆腐（乾燥）

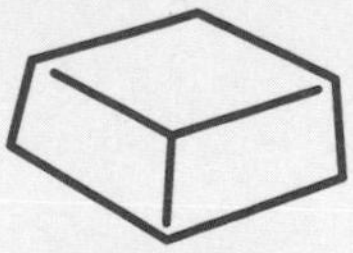

白胺酸 1800 毫克
（一餐分量 40 公克）

花魚

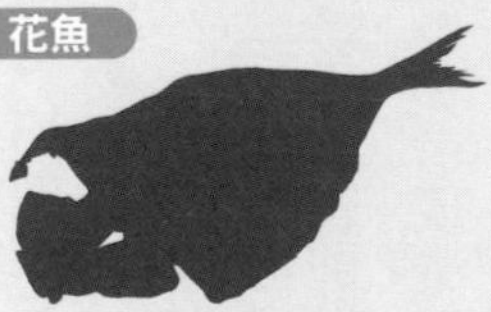

白胺酸 2000 毫克
（一餐分量 120 公克）

黑鮪魚

白胺酸 2000 毫克
（一餐分量 100 公克）

雞胸肉（嫩雞肉／去皮）

白胺酸 1800 毫克
（一餐分量 100 公克）

鰹魚

白胺酸 1800 毫克
（一餐分量 100 公克）

一定要攝取蛋白粉才行嗎？

聰明活用，補充蛋白質攝取不足的部分

有在進行肌力訓練的人，若想要從每天的飲食攝取到足夠的蛋白質，就必須重點攝取肉類或魚類等動物性蛋白質。但是肉類或魚類需要特別去烹調，而且含有的脂質也比較高，所以有些人可能會擔心會不會因為攝取過量而造成肥胖或是對健康有不好的影響。這種時候，能夠快速攝取到蛋白質的「蛋白粉」就受到很多肌肉訓練愛好者的喜愛了。

所謂蛋白粉，是從鮮奶或大豆等食物中萃取出蛋白質後進行加工的粉狀食品。由於脂肪含量低，所以不會攝取到多餘的熱量，而且只要用水或牛奶沖泡就能輕鬆攝取到蛋白質，是非常好用的產品。

然而蛋白粉並不是一定要積極攝取的食品，別說三餐都有補充蛋白質的人沒有吃蛋白粉的必要，更不建議以蛋白粉替代飲食中的蛋白質來源。這是因為若是以蛋白粉為主要蛋白質來源的話，可能會造成醣類、脂質、維生素或膳食纖維等其他營養素有攝取不足的情形。

以蛋白質來源來說，還是建議要從種類廣泛的食物來攝取到均衡的動物性蛋白質與植物性蛋白質。而**蛋白粉則可以聰明運用在早餐或午餐等蛋白質容易缺乏的時候，或是在運動後無法馬上吃飯等情況，作為輔助性質的攝取來源。**

可以把蛋白粉當作一餐嗎？

將整頓飯改成蛋白粉來攝取的方式可能會導致營養攝取不均衡，而且如果是幾乎沒有運動習慣的人，或者已經從三餐攝取到足夠蛋白質的人，則沒有攝取蛋白粉的必要。

一個不運動的人吃三餐又加蛋白粉，可能會熱量過高。

蛋白粉的推薦攝取方式

在早餐時添加

尤其是在沒有時間的早上還要煮東西實在是太麻煩了，這種時候只要一杯優格＋蛋白粉就能攝取到一餐分的蛋白質。

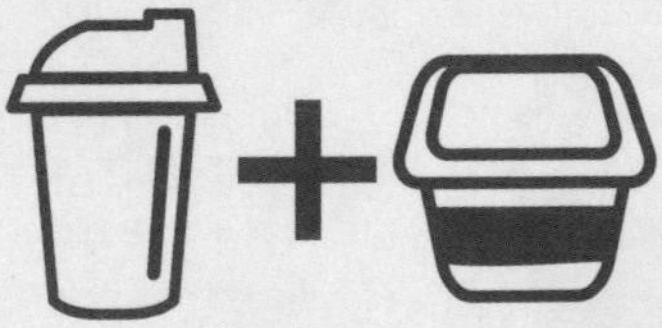

補充午餐時不足的蛋白質

只想要吃一頓簡單午餐的日子，就可以考慮在餐後來一杯蛋白質飲料。

運動後想要馬上攝取到蛋白質的時候

由於運動後最好可以儘快攝取到蛋白質，所以若是無法馬上用餐的時候，就可以利用蛋白粉來補充。

quiz

哪種食物更能增加肌肉和變瘦？③

Ⓐ 半份炒飯 VS Ⓑ 有大量雞蛋的蛋包飯

答案：Ⓑ

雖然Ⓐ的炒飯因為分量偏少所含的熱量或醣類也不多，但只會減少肌肉讓身體的代謝下降。Ⓑ的蛋包飯不只能攝取到蛋白質，而且因為熱量較高，更能將能量用於消化蛋白質。

Ⓐ 烏龍麵 VS Ⓑ 義大利肉醬麵

答案：Ⓑ

Ⓑ之義大利肉醬麵中的肉醬使用的牛、豬混合絞肉含有豐富的蛋白質，而且上面所灑的起司還能加強效果。另一方面，烏龍麵中含有高比例的麵粉，蛋白質含量較少。

Ⓐ 漢堡排 VS Ⓑ 牛排

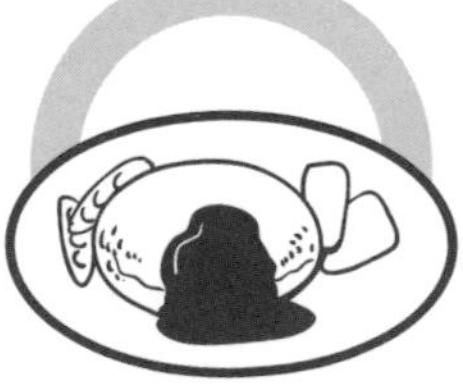

答案：Ⓐ

想要攝取到大量的蛋白質讓身體更容易長出肌肉，最好選擇大分量的肉類料理。由於絞肉中的肉類更為細碎，吃下去後可以與消化液充分混合，所以比牛排這樣的塊狀肉類能更快地被消化吸收。

第 4 章

蛋白質的實用小知識

肌力訓練後喝酒是百害而無一利的嗎!?

酒只能在休息的日子適量飲用

肌力訓練與搭配攝取的蛋白質量可以有效地增加肌肉量，可是即使有這樣的加乘效果，**如果在運動後馬上喝酒獎勵自己的話，可能會讓這樣的效果化為烏有。**所以如果是想要增加肌肉的人，請務必注意一下喝酒的方式。

會有這種情形出現，是因為酒精會減弱蛋白質的效果。在酒精對肌肉造成何種影響的相關調查中，有研究報告指出，結果顯示比起肌力訓練後同時攝取酒精與蛋白質的肌肉合成量，只攝取蛋白質的肌肉合成率有更高的情況。也就是說，**攝取酒精會抑制蛋白質的效果，讓肌肉的合成率下降30～40%。**儘管酒精對肌肉來說還不到「百害而無一利」的地步，但會妨礙肌肉合成這一點還是顯而易見的。

雖然愈是認真訓練的日子愈是讓人抵擋不住冰涼啤酒的誘惑，但為了肌肉著想，這個時候還是要忍耐一下。至少不要在當天喝酒，最好等到第二天之後的休假日再喝，並且控制在一杯左右的量。同時也別忘了沒有運動的日子裡肌肉仍在進行合成的過程，所以最好的方式是只喝適量的酒，並且要與蛋白質豐富的菜色一同享用。

避免肌力訓練後直接飲酒

肌肉合成會在肌力訓練的1～2小時後開始進行，因此在這個時間點攝取蛋白質的話可以得到肌肉合成的加乘效果，可是一旦在這個時候飲用了酒精飲料，就會降低肌肉的合成率。

忍住不要在訓練後喝啤酒

如果實在很想喝酒的話

最好不要在肌力訓練後的兩天內喝酒，如果實在想喝的話，建議也只喝一杯啤酒或一杯紅酒。

讓好不容易得到的運動效果減少3成

酒精與肌力訓練的關係

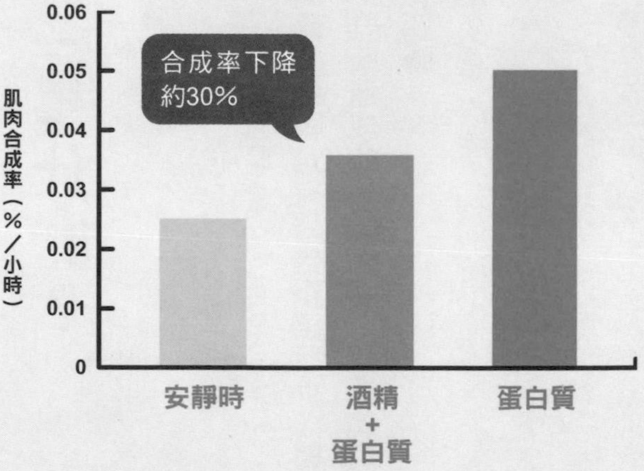

改編自Parr EB, 2014

此圖所表示的為肌力訓練後2～8小時恢復期間的肌蛋白合成率。比起只攝取蛋白質的受試者，攝取酒精會讓肌蛋白質的合成率下降約30%。

年輕人也要小心注意的「肌少症」是什麼？

肌肉減少會引起可怕的疾病

由於我們每增加一歲，肌肉量都會隨之減少，所以身體常常會隨著年齡增長而有漸漸發福的現象。而事實上，**肌肉量在20～39歲的巔峰期之後就會開始逐漸減少，而現在也已知人在40歲以後每10年就會流失8～10％的肌肉。這種隨著年齡增長而伴隨的肌肉減少現象，稱為「肌少症」。**

肌少症因為沒有疼痛等自覺症狀所以很容易被輕忽，但因為它很可能會引起生活習慣病，所以絕對不能置之不理。一旦肌少症惡化下去，肌肉、骨骼或關節等運動器官會逐漸出現問題，進而導致站立或行走等動作都難以進行的「行動障礙症候群（Locomotive Syndrome）」發生。**而在最近的研究中，也有報告指出肌少症與膽固醇或血壓上升所造成的心臟疾病、腦部疾病或糖尿病等也有關聯。**

更棘手的是，過去只把肌少症當作是高齡者才會有的問題，但到了現在卻發現年輕人也是高風險族群。左邊頁面提供了一個名為「手指測量法※」測試方法，可以檢測是否有肌少症的情形，大家可以測試看看。

不論是高齡者還是年輕人，為了防止肌少症，就必須攝取充分的蛋白質。而最理想的方式，還是從三餐的飲食中每餐各攝取20公克以上的蛋白質，並配合適度的運動來維持肌肉。

※根據日本東京大學高齡社會綜合研究所對柏市高齡者所進行之世代追蹤研究而設計的方法。

利用手指測量法檢查自己是否有肌少症

利用手指測量法檢查自己是否有肌少症

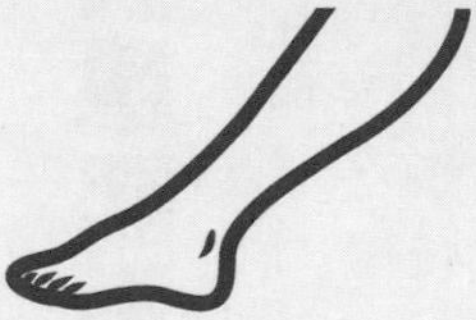

圈住小腿最粗的地方

用雙手的拇指及食指圈成一個圓圈

結　果

指頭能重疊 → 有肌少症之危險

指頭能互相接觸 → 未來可能發生肌少症

指頭與指頭無法互相接觸 → 肌肉量很足夠

一旦有肌少症之情形

日常動作變得困難

摔倒或骨折

不容易瘦下來

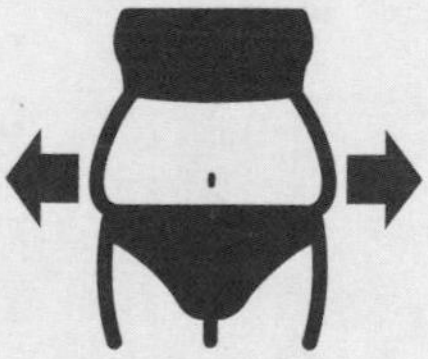

臥床不起

有心肌梗塞或腦中風風險

有糖尿病風險

高齡者應該要刻意地去攝取蛋白質

肌肉，使得肌肉的合成能力也跟著退化。另外，身體對「白胺酸」的感受性下降，也是產生蛋白質合成代謝阻抗的主要原因之一。白胺酸是一種與肌肉合成有密切關係的支鏈胺基酸（參考第90頁），有報告指出，將年輕人與高齡者進行比較時，可發現高齡者在攝取白胺酸之後的肌肉合成速度比年輕人更為緩慢。

目前會建議70歲以上的高齡者攝取每公斤體重1·06公克的蛋白質，比一般成年男性建議的還要多，就是因為年齡愈大，蛋白質的重要性就愈高。除此之外，如果能再加上適度的運動來改善血液循環，就更有助於肌肉合成了。

充分的蛋白質才能對抗合成代謝阻抗

肌肉量之所以會隨著年齡增加而減少，是因為年紀愈大，肌肉合成的能力就愈加衰退。所以**即使高齡者攝取了與年輕人等量的蛋白質，也沒有辦法形成同樣的肌肉**，這種現象稱為「合成代謝阻抗」。

「胰島素」與蛋白質之合成代謝阻抗息息相關。胰島素負責了體內醣類的代謝，所以實際上也是肌肉合成的助力。胰島素的血管擴張作用能將我們從飲食所攝取到的胺基酸運送到肌肉中，促進肌肉的合成反應。然而，當胰島素的作用隨著年齡增長而無法充分發揮時，血管的擴張功能也會衰退，結果就是胺基酸變得不容易抵達

攝取等量的蛋白質也無法像年輕時一樣長出肌肉

⊙與肌肉合成有關之胰島素阻抗性

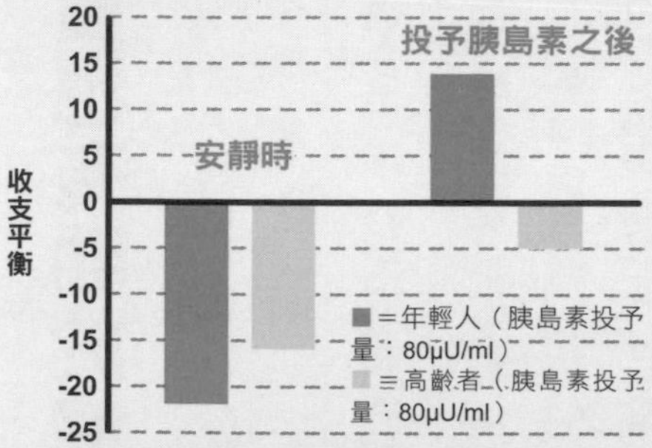

本圖改編自Fujita et al. AJP 2006, Rasmussen et al FASEB J. 2006。

一般情況下，餐後血糖值會上升，大量的胺基酸會因為體內分泌的胰島素而被運送到肌肉內。而在高齡者的情況則是受到胰島素刺激而血流量增加的現象被抑制，所以肌肉的合成速度無法像年輕人一樣增加。

對下肢投予相當於餐後胰島素濃度之胰島素時肌肉內收支平衡會出現何種變化之評估研究。

⊙對蛋白質／胺基酸之感受性

根據空腹時單次蛋白質攝取量與肌肉合成速度之相關性研究結果顯示，若想要最大限度提高肌肉的合成速度，年輕人所需要的蛋白質攝取量為0.24公克／每公斤體重，而高齡者則是每次需攝取0.4公克／每公斤體重。也就是說，邁入高齡期之後就算攝取了與年輕時期等量的飲食，肌肉的合成率也比年輕時期更低。

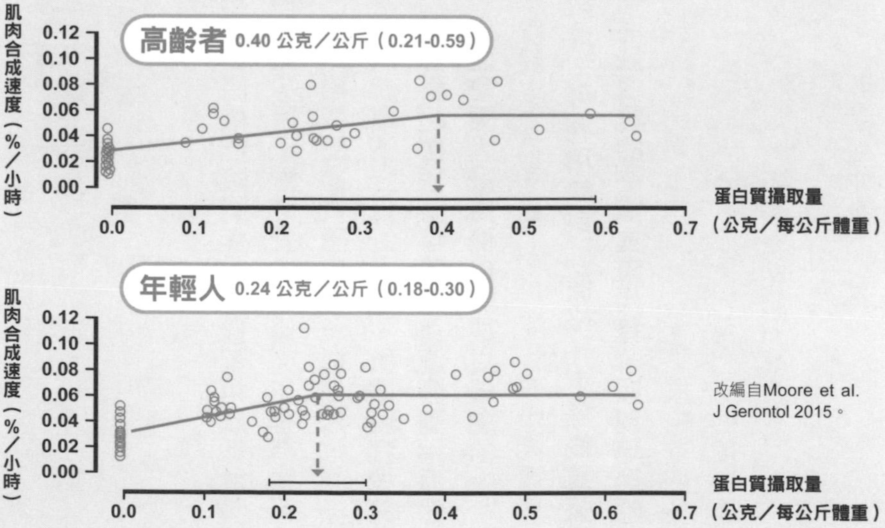

改編自Moore et al. J Gerontol 2015。

蛋白質也有助於消除疲勞

醣類攝取過多會讓人更容易疲勞

人在疲勞的時候經常會沒有食慾，往往只會用麵類或茶泡飯等簡單好入口的食物解決一餐。然而，愈是在這種時候，才更應該要吃一頓蛋白質豐富、營養均衡的一餐。

這是因為蛋白質具有消除疲勞的作用，**尤其是BCAA（詳情請參考第90頁），因為具有促進肌肉合成以及消除肌肉疲勞的作用，所以能夠有效舒緩身體的疲勞**。此外，必需胺基酸中的色胺酸有助於血清素的增加，也能有效消除腦部疲勞。所以愈是疲勞沒有食慾的時候，愈是應該積極地攝取蛋白質。

還有，人在疲勞的時候會特別想吃甜食，是因為這個時候一吃甜食，能量就可以抵達腦部或身體各處，所以暫時會覺得疲勞似乎有減輕的感覺。但是攝取醣類會讓血糖急遽上升，然後又在胰島素的作用下一口氣下降。**如果瘋狂地只吃甜食，更會引起血糖值頻繁地急遽變動（血糖飆升），反而會讓人覺得更疲勞或更倦怠。**

所以就算感到疲勞，也要小心不能攝取過量的甜食。**可利用起司、優格、小魚乾或堅果等低糖高蛋白質的小零食來代替，順利地消除疲勞。**

疲勞時會特別想吃甜食

雖然醣類是腦部的營養素，但有讓血糖值急遽上升的不良影響。

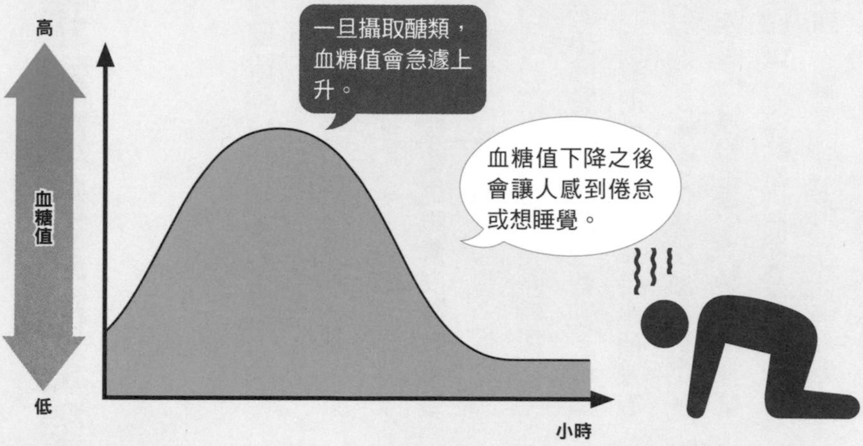

在平常的飲食中額外增加蛋白質，遠離疲勞感

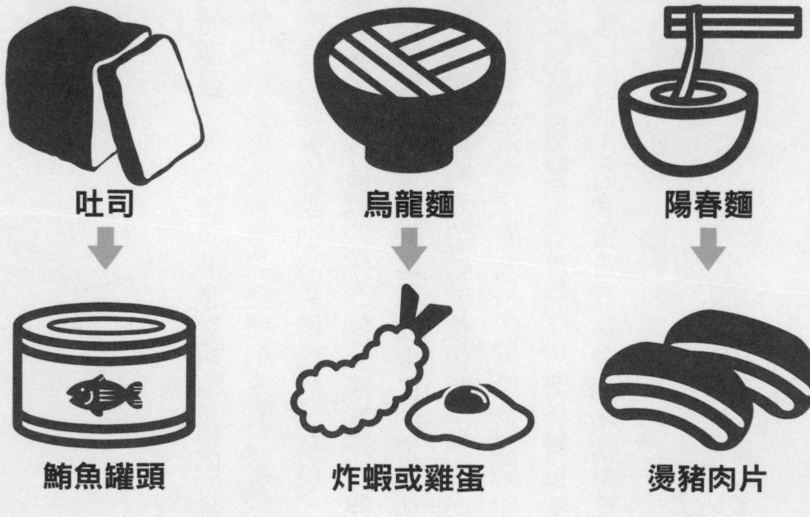

對兒童來說蛋白質極為重要

造成極大的損害。因為沒有供應葡萄糖這個大腦唯一的能量來源，會讓人無法發揮記憶力及注意力，讀書的效率也會變差。而且目前也已發現，**不吃早餐的兒童會有攝取過多碳水化合物的傾向，而讓身體有容易發胖的情形。**

兒童所需的蛋白質攝取量因年齡不同而出現懸殊的差異，並不是像成人一樣可以用每公斤體重來計算攝取量，大家如有需要，可參考日本厚生勞動省「日本人之飲食攝取標準（2015年版）」所示之不同年齡段的建議量作為標準。

蛋白質能調節自律神經幫助身心成長

對發育期的兒童來說，蛋白質是非常關鍵的營養素。蛋白質不僅是肌肉或骨骼發育不可缺少的營養素，**兒童的心理發育也與蛋白質有著密切的關係。**蛋白質所含的必需胺基酸具有促進腦內神經傳導物質分泌的作用，例如「血清素」可以讓精神安定、「多巴胺」能夠激發幹勁。在這些物質適量分泌的情況下，能夠調節自律神經的平衡，讓人的身心狀況及睡眠作息都更為穩定。

而若想要加強蛋白質的作用，就必須在早餐攝取充分的蛋白質。如此可以促進肌肉的合成、提高能量代謝，讓身心一整天都能充滿活力。相反地，**如果沒有吃早餐，會對兒童的發育**

兒童所需之蛋白質攝取量

蛋白質的攝取標準

	男生建議量(公克／天)	女生建議量(公克／天)
1～2(歲)	20	20
3～5(歲)	25	25
6～7(歲)	35	30
8～9(歲)	40	40
10～11(歲)	50	50
12～14(歲)	60	55
15～17(歲)	65	55

出處：日本人之飲食攝取標準（2015年版）。

早餐一定要吃蛋白質

即使是有讓孩童確實吃早餐的家庭，也要注意早餐的內容物。其中碳水化合物、蛋白質、維生素、礦物質都不可缺少，且在早上攝取蛋白質尤為重要。

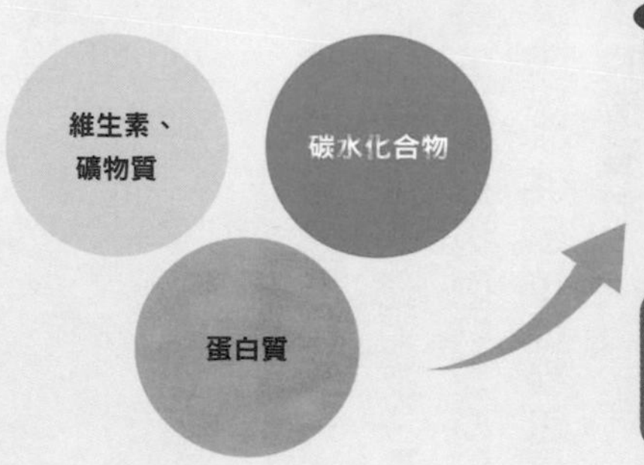

在早上攝取蛋白質才是聰明的吃法！

早上攝取蛋白質可以幫助能量代謝、形成肌肉及預防貧血。若要額外添加可選擇簡單的含蛋白質食物。

蛋白質攝取過多會對健康造成不良影響嗎？

脂肪含量多的蛋白質可能會造成肥胖

應該有不少人會擔心蛋白質攝取過多會對健康造成什麼樣的影響吧！其中最讓人在意的就是肥胖問題。**肉類或乳製品等脂肪含量多的動物性蛋白質攝取過多的話，由於可能會因為熱量過高而造成肥胖，所以必須要注意攝取量。**最好能搭配魚貝類等其他動物性蛋白質、植物性蛋白質或蛋白粉，以多種蛋白質互相搭配，降低攝取到的熱量。

另外也要注意對內臟的影響。雖然有人認為蛋白質攝取過量對於肝臟或腎臟會造成負擔，不過在日本厚生勞動省公布的「日本人飲食攝取標準（2015年版）」中，由於「沒有任何研究報告能為設定『每日蛋白質耐受上限值』提出充分的來源根據」，因此並未明示蛋白質的攝取限制量。**雖然腎功能不佳的患者必須限制蛋白質的攝取量，但對健康的人來說，並無證據顯示攝取蛋白質會對腎臟造成不良影響。**

從以上說明可以得知，只要攝取配合自身身體活動程度或體重的適量蛋白質，不要極端地持續過著攝取過多蛋白質的生活，應該就不需要太擔心。不只是蛋白質，不論是哪一種營養素，都請切記過猶不及這個道理，攝取過量絕非好事。最重要的是，大家應該要從各式各樣的食材，均衡地攝取包括蛋白質在內的各種營養素。

大量攝取蛋白質會變胖嗎？

從 DIT 來看可說是不易變胖的營養素

蛋白質	30%
醣類	6%
脂質	4%

其實反而是不易發胖的營養素！

從飲食所產生之能量消耗也就是攝食產熱效應（DIT）的角度來看，蛋白質比起其他營養素更容易產熱（請參考第32頁）。

不論是何種營養素，只要熱量過多就會造成肥胖的問題

體重的增減其實就是一種攝取熱量與消耗熱量之間的結算結果，因此不論是什麼營養素，攝取過多都會造成肥胖。

蛋白質會對腎臟造成負擔嗎？

為什麼會有「攝取過多蛋白質會損害腎臟功能」的說法，是因為高齡者比較容易有腎臟疾病，所以才推薦低蛋白質飲食作為飲食療法。然而，即使推薦低蛋白質飲食，其實目前也沒有明確的科學根據。

年齡增長之後……
腎功能容易衰退

↓

推薦低蛋白質飲食

↓

「蛋白質攝取過多會提高腎臟病的風險」

沒有科學根據

可以大量攝取火腿或香腸這一類加工肉品嗎？

將加工肉品當作蛋白質來源是沒有效率的

火腿、培根或香腸等加工肉品，因為不用花太多功夫烹調就可以輕鬆吃到，而且味道又好，所以看起來似乎是很具有吸引力的蛋白質來源。不過攝取這些加工肉品是不是就真的能有效率且健康地補充蛋白質呢？關於這一點恐怕得打一個問號。

首先，**火腿或香腸裡含有大量的脂質，因此相對於脂肪含量少的牛肉瘦肉或是雞胸肉，蛋白質本身的吸收率就比較低，所以實在無法說能有效率地攝取蛋白質。**

再來就是根據國外研究，也有報告指出持續攝取加工肉類會提高大腸癌的風險。雖然以日本人的平均攝取量來說沒有明顯的問題，但長期攝取也不能說絕對沒有風險。更重要的是，加工肉類的熱量及含鹽量都很高，攝取過量的話可能會造成肥胖、高血脂症、高血壓等生活習慣病。從預防這些嚴重疾病的觀點來看，更應重視營養的均衡及避免攝取過量才對。

即使不吃這些加工肉類，其實商店裡也有很多像是鯖魚罐頭、起司、水煮大豆等不用烹調也可以直接食用、簡單又健康的蛋白質來源可以選擇。四處尋找美味又健康的蛋白質食品，其實也是一種生活樂趣呢！

蛋白質、脂質、碳水化合物之營養比例的比較

⊙雞胸肉（去皮）

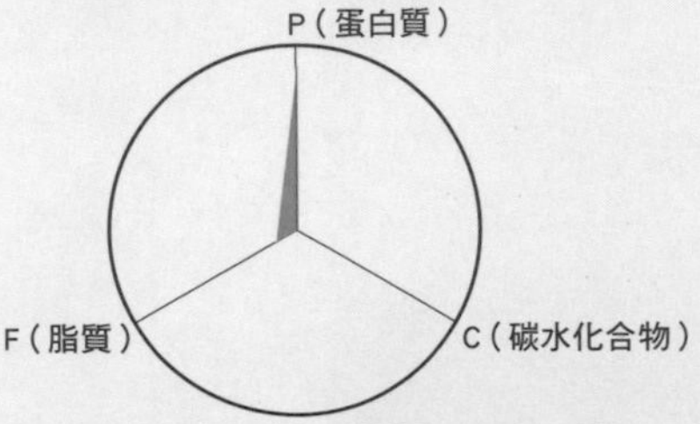

⊙瘦肉培根

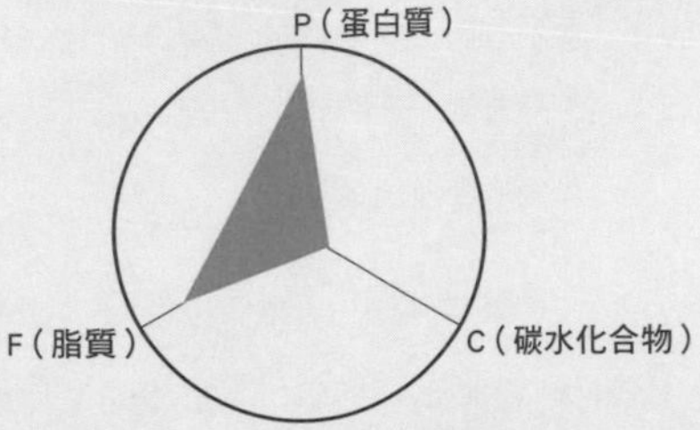

根據文部科學省「食品成分資料庫」製作

加工肉類會提高大腸癌風險？

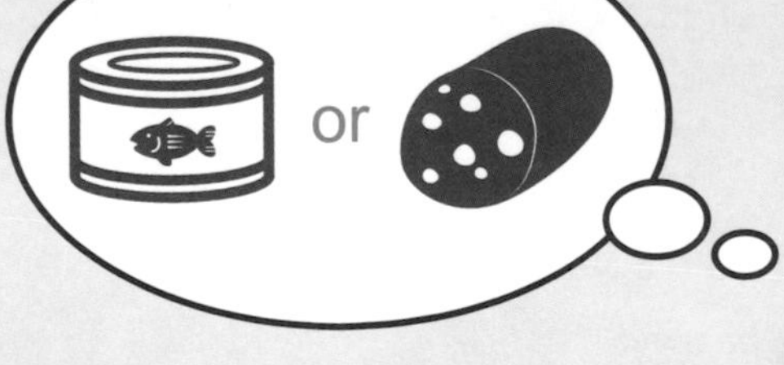

雖說目前研究並未指明絕對不可以吃加工肉類，但事實上也沒有積極攝取的必要性。而且熱量及含鹽量也十分令人在意，希望大家還是能從營養的均衡性來判斷。

不同食品之蛋白質含量一覽表

＊表中數值是根據「日本食品標準成分表2015年版（第七版）」計算出來。食品的重量為除去廢棄部分只算可食用部分的淨重。
＊食材分量是根據一般烹調會使用到的量或是一人份的標準量計算出來的。公克數依照食材大小會有不一致的情形。
＊醣類含量是將碳水化合物的量扣除膳食纖維總量後計算出來的。＊「Tr」為微量、「-」為未測定、「（0）」為推估值。

肉類

分類	品名	分量	蛋白質（公克）	能量（大卡）	醣類（公克）	維生素D（微克）	鈣質（毫克）
牛肉	牛肩胛肉（帶有脂肪、生肉）	100公克	16.8	257	0.4	0	4
	牛肩胛肉（瘦肉、生肉）	100公克	19.9	143	0.5	0	4
	牛肩胛里肌肉（帶有脂肪、生肉）	100公克	16.2	318	0.2	0.1	4
	牛肩胛里肌肉（瘦肉、生肉）	100公克	19.1	212	0.2	0.1	4
	牛肋眼（帶有脂肪、生肉）	100公克	14.1	409	0.2	0.1	4
	牛肋眼（瘦肉、生肉）	100公克	18.8	248	0.3	0.2	4
	牛沙朗（帶有脂肪、生肉）	100公克	16.5	334	0.4	0	4
	牛沙朗（瘦肉、生肉）	100公克	21.1	177	0.6	0	4
	牛五花肉（帶有脂肪、生肉）	100公克	12.8	426	0.3	0	3
	牛後腿肉（帶有脂肪、生肉）	100公克	19.5	209	0.4	0	4
	牛後腿肉（瘦肉、生肉）	100公克	21.9	140	0.4	0	4
	牛臀肉（帶有脂肪、生肉）	100公克	18.6	248	0.6	0	4
	牛臀肉（瘦肉、生肉）	100公克	22	153	0.7	0	4
	牛菲力（瘦肉、生肉）	100公克	20.8	195	0.5	0	4
	牛絞肉（生肉）	100公克	17.1	272	0.3	0.1	6
	牛舌（生肉）	100公克	13.3	356	0.2	0	3
	牛心（生肉）	100公克	16.5	142	0.1	0	5
	牛肝（生肉）	100公克	19.6	132	3.7	0	5
	牛尾（生肉）	100公克	11.6	492	Tr	0	7
豬肉	豬肩胛肉（帶有脂肪、生肉）	100公克	18.5	216	0.2	0.2	4
	豬肩胛肉（瘦肉、生肉）	100公克	20.9	125	0.2	0.1	4
	豬肩胛里肌（帶有脂肪、生肉）	100公克	17.1	253	0.1	0.3	4
	豬肩胛里肌（瘦肉 生肉）	100公克	19.7	157	0.1	0.2	4
	豬里肌（帶有脂肪、生肉）	100公克	19.3	263	0.2	0.1	4

分類	品名	分量	蛋白質（公克）	能量（大卡）	醣類（公克）	維生素D（微克）	鈣質（毫克）
豬肉	豬里肌（瘦肉、生肉）	100公克	22.7	150	0.3	0.1	5
	豬五花肉（帶有脂肪、生肉）	100公克	14.4	395	0.1	0.5	3
	豬後腿肉（帶有脂肪、生肉）	100公克	20.5	183	0.2	0.1	4
	豬後腿肉（瘦肉、生肉）	100公克	22.1	128	0.2	0.1	4
	豬腰內肉（瘦肉、生肉）	100公克	22.2	130	0.3	0.3	3
	豬絞肉（生肉）	100公克	17.7	236	0.1	0.4	6
	豬肝（生肉）	100公克	20.4	128	2.5	1.3	5
	豬腳（水煮）	100公克	20.1	230	Tr	1	12
雞肉	雞三節翅（帶雞皮、生肉）	100公克	17.8	210	0	0.4	14
	雞翅膀（帶雞皮、生肉）	100公克	17.4	226	0	0.6	20
	雞翅腿（帶雞皮、生肉）	100公克	18.2	197	0	0.3	10
	雞胸肉（帶雞皮、生肉）	100公克	21.3	145	0.1	0.1	4
	雞胸肉（去皮、生肉）	100公克	23.3	116	0.1	0.1	4
	雞腿肉（帶雞皮、生肉）	100公克	16.6	204	0	0.4	5
	雞腿肉（去皮、生肉）	100公克	19	127	0	0.2	5
	雞里肌肉（生肉）	100公克	23.9	109	0.1	0	4
	雞絞肉（生肉）	100公克	17.5	186	0	0.1	8
	雞肝（生肉）	100公克	18.9	111	0.6	0.2	5
	雞胗（生肉）	100公克	18.3	94	Tr	0	7
	雞軟骨（生肉）	100公克	12.5	54	0.4	0	47
其他	羊肩肉（帶有脂肪、生肉）	100公克	17.1	233	0.1	0.9	4
	羊里肌肉（帶有脂肪、生肉）	100公克	15.6	310	0.2	0	10
	羊腿肉（帶有脂肪、生肉）	100公克	20	198	0.3	0.1	3

分類	品名	分量	蛋白質（公克）	能量（大卡）	醣類（公克）	維生素D（微克）	鈣質（毫克）
其他	山豬肉（帶有脂肪、生肉）	100公克	18.8	268	0.5	0.4	4
	馬肉（瘦肉、生肉）	100公克	20.1	110	0.3	-	11
	合鴨（帶皮、生肉）	100公克	14.2	333	0.1	1.0	5
	野鴨（去皮、生肉）	100公克	23.6	128	0.1	3.1	5
	鯨魚肉（瘦肉、生肉）	100公克	24.1	106	0.2	0.1	3
	鱉	100公克	16.4	197	0.5	3.6	18

肉類加工品

分類	品名	分量	蛋白質（公克）	能量（大卡）	醣類（公克）	維生素D（微克）	鈣質（毫克）
肉類加工品	生火腿（燻製）	50公克	12	124	0.3	0.2	3
	生火腿（長期熟成）	50公克	12.9	134	0	0.4	6
	培根	50公克	6.5	203	0.2	0.3	3
	去骨火腿	30公克（3片）	5.6	35	0.5	0.2	2
	里肌火腿	30公克（3片）	5	58.8	0.4	0.2	3
	維也納香腸	50公克（3根）	6.6	161	1.5	0.3	4

魚類

分類	品名	分量	蛋白質（公克）	能量（大卡）	醣類（公克）	維生素D（微克）	鈣質（毫克）
魚類	竹筴魚（生）	100公克	19.7	126	0.1	8.9	66
	星鰻（生）	100公克	17.3	161	Tr	0.4	75
	香魚（野生、生）	100公克	18.3	100	0.1	1	270
	香魚（養殖、生）	100公克	17.8	152	0.6	8	250
	沙丁魚（生）	100公克	19.2	169	0.2	32	74

分類	品名	分量	蛋白質（公克）	能量（大卡）	醣類（公克）	維生素D（微克）	鈣質（毫克）
魚類	鰻魚（養殖、生）	100公克	17.1	255	0.3	18	130
	鰹魚（春季捕獲、生）	100公克	25.8	114	0.1	4	11
	鰈魚（生）	100公克	19.6	95	0.1	13	43
	紫鰤（生）	100公克	21	129	0.1	4	15
	金目鯛（生）	100公克	17.8	160	0.1	2	31
	鮭魚（白鮭、生）	100公克	22.3	133	0.1	32	14
	鮭魚（紅鮭、生）	100公克	22.5	138	0.1	33	10
	鯖魚（生）	100公克	20.6	247	0.3	5.1	6
	鰆魚（生）	100公克	20.1	177	0.1	7	13
	秋刀魚（生）	100公克	18.1	318	0.1	15.7	28
	吻仔魚（生）	100公克	15	76	0.1	6.7	210
	鱸魚（生）	100公克	19.8	123	Tr	10	12
	柳葉魚（半曬乾、生）	100公克	21	166	0.2	0.6	330
	鯛魚（野生、生）	100公克	20.6	142	0.1	5	11
	鯛魚（養殖、生）	100公克	20.9	177	0.1	7	12
	鱈魚（生）	100公克	17.6	77	0.1	1	32
	鯡魚（生）	100公克	17.4	216	0.1	22	27
	比目魚（野生、生）	100公克	20	103	Tr	3	22
	比目魚（養殖、生）	100公克	21.6	126	Tr	1.9	30
	鰤魚（生）	100公克	21.4	257	0.3	8	5
	花魚（曬乾、生）	100公克	20.6	176	0.1	4.6	170
	旗魚（生）	100公克	23.1	115	0.1	12	5
	黑鮪魚（瘦肉、生）	100公克	26.4	125	0.1	5	5
	黑鮪魚（帶脂肪、生）	100公克	20.1	344	0.1	18	7
	劍旗魚（生）	100公克	19.2	153	0.1	8.8	3

魚貝類

分類	品名	分量	蛋白質（公克）	能量（大卡）	醣類（公克）	維生素D（微克）	鈣質（毫克）
魚貝類	甜蝦（生）	100公克	19.8	98	0.1	（0）	50
	松葉蟹（生）	500公克（1人份）	69.5	315	0.5	（0）	450
	北海道帝王蟹（生）	500公克（1人份）	65	320	1	（0）	260
	槍烏賊（生）	100公克	17.9	83	0.1	0.3	11
	螢烏賊（生）	100公克	11.8	84	0.2	（0）	14
	長槍烏賊（生）	100公克	17.6	85	0.4	（0）	10
	章魚（生）	50公克（1人份）	8.2	38	0.05	（0）	8
	蛤蠣（生）	100公克	6	30	0.4	（0）	66
	牡蠣（生）	100公克	6.9	70	4.9	0.1	84
	蜆（生）	100公克	7.5	64	4.5	0.2	240
	帆立貝（生）	100公克	13.5	72	1.5	（0）	22

魚貝類加工品

分類	品名	分量	蛋白質（公克）	能量（大卡）	醣類（公克）	維生素D（微克）	鈣質（毫克）
魚貝類加工品	鮭魚子	100公克	32.6	272	0.2	44	94
	柴魚	5公克	3.9	18	0	0.3	1
	蟹味棒	75公克（1包）	9.1	68	6.9	0.8	90
	魚板	50公克	6	48	4.9	1	13
	辣味明太子	40公克（1條）	8.4	50	1.2	0.4	9
	魚肉香腸	100公克	11.5	161	12.6	0.9	100
	甜不辣	100公克	12.5	139	13.9	1	60
	小魚乾	10公克	2.3	11	0	4.6	21
	明太子	40公克（1條）	9.6	56	0.2	0.7	10
	鱈寶	100公克	9.9	94	11.4	Tr	15

蛋類

分類	品名	分量	蛋白質（公克）	能量（大卡）	醣類（公克）	維生素D（微克）	鈣質（毫克）
蛋	雞蛋（生）	50公克（1顆）	6.2	76	0.2	0.9	26
	雞蛋（水煮蛋）	50公克（1顆）	6.5	76	0.2	0.9	26
	鵪鶉蛋（生）	10公克（1顆）	1.3	18	0	0.3	6
	鵪鶉蛋（水煮罐頭）	40公克（1罐）	4.4	73	0.2	1	19

蛋類加工品

分類	品名	分量	蛋白質（公克）	能量（大卡）	醣類（公克）	維生素D（微克）	鈣質（毫克）
蛋類加工品	厚煎蛋	100公克	10.8	151	6.4	0.6	44
	高湯蛋捲	100公克	11.2	128	0.5	0.7	46
	雞蛋豆腐	100公克	6.4	79	2	0	27

乳製品

分類	品名	分量	蛋白質（公克）	能量（大卡）	醣類（公克）	維生素D（微克）	鈣質（毫克）
乳品	鮮奶	200公克（1杯）	6.6	134	9.6	0.6	220
	加工乳（濃厚）	200公克（1杯）	6.8	148	10.6	Tr	220
	加工乳（低脂肪）	200公克（1杯）	7.6	92	11	Tr	260
	咖啡調味乳	200公克（1杯）	4.4	112	14.4	Tr	160
	果汁調味乳	200公克（1杯）	2.4	92	19.8	Tr	80
奶油	鮮奶油（乳脂肪）	70公克	1.4	303	2.2	0.4	42
	鮮奶油（植物性脂肪）	70公克	4.8	274	2	0	23
乳酪	茅屋起司	60公克	8	63	1.14	0	33
	卡門貝爾乳酪	60公克	11.5	186	0.54	0.1	280
	奶油乳酪	60公克	4.9	207.6	1.38	0.1	42

分類	品名	分量	蛋白質（公克）	能量（大卡）	醣類（公克）	維生素D（微克）	鈣質（毫克）
乳酪	高達奶酪	60公克	15.5	228	0.8	0	410
	切達起司	60公克	15.4	254	0.8	0	440
	帕馬森乾酪	60公克	26.4	285	1.1	0.1	780
	藍紋乾酪	60公克	11.3	209	0.6	0.2	350
	馬斯卡彭起司	60公克	2.6	176	2.6	0.1	90
	莫札瑞拉起司	60公克	11	166	2.5	0.12	200
	瑞可塔起司	60公克	4.3	97	4.0	0	200
	加工起司	60公克	13.6	203	0.8	Tr	380
優格	原味優格（全脂無糖）	100公克	3.6	62	4.9	0	120
	優格（低脂無糖）	100公克	3.7	45	5.2	0	130
	優格（脫脂無糖）	100公克	4	42	5.7	0	140
	加糖優格	100公克	4.3	67	11.9	Tr	120
	優酪乳	200公克（1杯）	5.8	130	24.4	Tr	220

豆類

分類	品名	分量	蛋白質（公克）	能量（大卡）	醣類（公克）	維生素D（微克）	鈣質（毫克）
豆類	紅豆（整顆、乾）	40公克	8.3	137	13.9	（0）	28
	紅豆（帶皮紅豆泥）	40公克	2.2	98	19.3	（0）	8
	紅豆（豆沙）	40公克	3.9	62	8.1	（0）	29
	四季豆（整顆、乾）	40公克	8.8	136	14.8	（0）	56
	黃豆粉（脫皮大豆）	15公克	5.6	68	2.1	（0）	27
	黃豆粉（整顆大豆）	15公克	5.5	68	1.6	（0）	29
	炒大豆（黃豆）	10公克	3.8	44	1.4	（0）	16
	鷹嘴豆（整顆、乾）	40公克	8	150	18.1	（0）	40

大豆加工品

分類	品名	分量	蛋白質（公克）	能量（大卡）	醣類（公克）	維生素D（微克）	鈣質（毫克）
大豆加工品	油豆腐塊	100公克	10.7	150	0.2	（0）	240
	油炸豆皮（生）	100公克	23.4	410	0	（0）	310
	豆渣（生）	50公克	3.1	56	1.1	（0）	41
	油炸豆腐丸	30公克	4.6	68	0.1	（0）	81
	嫩豆腐	150公克（1塊）	8	93	1.6	（0）	110
	板豆腐	150公克（1塊）	10.5	120	0.6	（0）	60
	凍豆腐（乾）	60公克（1袋）	30.3	322	1	（0）	380
	無調整豆乳	200公克（1杯）	7.2	92	5.8	（0）	30
	調整豆乳	200公克（1杯）	6.4	128	9	（0）	62
	牽絲納豆	50公克（1盒）	8.3	100	2.7	（0）	45
	磨碎納豆	50公克（1盒）	8.3	97	2.3	（0）	30

堅果類

分類	品名	分量	蛋白質（公克）	能量（大卡）	醣類（公克）	維生素D（微克）	鈣質（毫克）
堅果類	杏仁（乾）	20公克（20粒）	3.9	117	2.2	（0）	50
	腰果（炸、調味）	20公克（16粒）	4	115	4	（0）	8
	銀杏（生）	20公克（10粒）	0.9	34.2	6.7	（0）	1
	核桃（炒）	20公克（7粒）	2.9	134.8	0.84	（0）	17
	芝麻（炒）	5公克	1	29.95	0.3	（0）	60
	芝麻（乾）	5公克	1	28.9	0.3	（0）	60
	栗子（生）	50公克（4顆）	1.4	82	16.4	（0）	12
	開心果（炒、調味）	20公克（13粒）	3.5	123	2.4	（0）	24

分類	品名	分量	蛋白質（公克）	能量（大卡）	醣類（公克）	維生素D（微克）	鈣質（毫克）
堅果類	榛果（炸、調味）	20公克（13粒）	2.7	136.8	1.3	（0）	26
	夏威夷果（炒、調味）	20公克（10粒）	1.7	144	1.2	（0）	9
	花生（炒）	20公克（15粒）	5.3	117	2.5	（0）	10

米製品

分類	品名	分量	蛋白質（公克）	能量（大卡）	醣類（公克）	維生素D（微克）	鈣質（毫克）
米製品	白飯（糙米）	150公克（1碗）	4.2	248	51.3	（0）	11
	白飯（精米）	150公克（1碗）	3.8	252	53.4	（0）	5
	白粥（精米）	150公克（1碗）	1.7	107	23.3	（0）	2
	紅豆糯米飯	150公克（1碗）	6.5	285	60.5	（0）	9
	麻糬	150公克（3個）	6	351	75.4	（0）	5
	米粉	60公克	4.2	226	47.4	（0）	8

麵包類

分類	品名	分量	蛋白質（公克）	能量（大卡）	醣類（公克）	維生素D（微克）	鈣質（毫克）
麵包類	牛角麵包	40公克（1個）	3.2	179	16.9	0	8
	熱狗麵包	100公克（1個）	8.5	265	47.1	（0）	37
	吐司	60公克（厚片1片）	5.4	156	26.6	（0）	14
	葡萄乾麵包	50公克（1個）	4.1	135	24.5	Tr	16
	法國麵包	50公克（2片）	4.7	140	27.4	（0）	8
	貝果	90公克（1個）	8.6	248	46.8	Tr	22

分類	品名	分量	蛋白質（公克）	能量（大卡）	醣類（公克）	維生素D（微克）	鈣質（毫克）
麵包類	黑麥麵包	60公克（厚片1片）	5	158	28.2	Tr	10
	麵包捲	30公克（1個）	3	95	14	0	13
	豆沙包	100公克（1個）	6.1	280	48.5	0	52
	肉包	100公克（1個）	10.0	260	40.3	0.1	28

麵類

分類	品名	分量	蛋白質（公克）	能量（大卡）	醣類（公克）	維生素D（微克）	鈣質（毫克）
麵類	烏龍麵（水煮）	120公克	3.1	126	24.9	（0）	7
	麵線、冷麵（乾）	120公克	11.4	427	84.2	（0）	20
	蕎麥麵（乾）	100公克	14	344	63	（0）	24
	蕎麥麵（水煮）	120公克	5.8	158	28.8	（0）	11
	中華麵（生）	120公克	10.3	261.6	64.3	（0）	25
	熟麵條	120公克	6.4	238	43.8	（0）	11
	通心粉、義大利麵（乾）	100公克	12.9	378	67.7	（0）	18
	泡麵（中華口味）	100公克	9.0	342	3.5	0	95
	泡麵（炒麵）	100公克	8.4	436	55.7	0	190

粉類

分類	品名	分量	蛋白質（公克）	能量（大卡）	醣類（公克）	維生素D（微克）	鈣質（毫克）
粉類	低筋麵粉（1等）	100公克	8.3	367	73.3	0	20
	中筋麵粉（1等）	100公克	9	367	72.3	0	17
	高筋麵粉（1等）	100公克	11.8	365	69	0	17

分類	品名	分量	蛋白質（公克）	能量（大卡）	醣類（公克）	維生素D（微克）	鈣質（毫克）
粉類	鬆餅粉	100公克	7.8	365	72.6	0	100
	燕麥片	80公克	11	304	47.8	（0）	38
	大燕麥片	60公克	4.0	208	39.7	（0）	13
	全麥麵粉	100公克	12.7	334	57.4	（0）	31
	蕎麥粉（不含外皮）	100公克	12	361	65.3	（0）	17
其他	玉米片	100公克	7.8	381	81.2	（0）	1

蔬菜類

分類	品名	分量	蛋白質（公克）	能量（大卡）	醣類（公克）	維生素D（微克）	鈣質（毫克）
蔬菜類	蘆筍（嫩莖、生）	20公克（1根）	0.5	4	0.4	（0）	4
	秋葵（果實、生）	30公克（1根）	0.6	9	0.5	（0）	28
	高麗菜（結球葉、生）	300公克（1/4顆）	3.9	69	10.2	（0）	130
	黃瓜（果實、生）	100公克	1	14	1.9	（0）	26
	牛蒡（根、生）	150公克（1根）	2.7	98	14.5	（0）	69
	小松菜（葉、生）	300公克（1把）	4.5	42	1.5	（0）	510
	四季豆（生）	7公克（1根）	0.1	2	0.2	（0）	3
	薑（根莖、生）	12公克（1塊）	0.1	4	0.5	（0）	1
	西洋南瓜（果實、生）	300公克（1/4顆）	5.7	273	51.3	（0）	45
	白蘿蔔（根、去皮、生）	300公克（1/4個）	1.5	54	8.1	（0）	72
	白蘿蔔（葉、生）	300公克（約1根）	6	54	2.1	（0）	510
	竹筍（嫩莖、生）	100公克	3.6	26	1.5	（0）	16
	洋蔥（鱗莖、生）	200公克（1顆）	2	74	14.4	（0）	42

分類	品名	分量	蛋白質（公克）	能量（大卡）	醣類（公克）	維生素D（微克）	鈣質（毫克）
蔬菜類	番茄（果實、生）	150公克（1顆）	1	29	5.6	（0）	11
	茄子（果實、生）	80公克（1根）	0.9	18	2.3	（0）	14
	韭菜（葉、生）	100公克（1把）	1.7	21	1.3	（0）	48
	紅蘿蔔（葉、帶皮、生）	150公克（1根）	1	59	9.8	（0）	42
	大蒜（鱗莖、生）	10公克（1瓣）	0.6	14	2.2	（0）	1
	日本種大蔥（葉、軟蔥白、生）	60公克（1根）	0.8	20	3.5	（0）	22
	白菜（結球葉、生）	500公克（1/4顆）	4	70	9.5	（0）	220
	青椒（果實、生）	35公克（1個）	0.3	8	1	（0）	4
	青花菜（花莖、生）	200公克（1個）	8.6	66	1.6	（0）	76
	菠菜（葉、生）	200公克（1把）	4.4	40	0.6	（0）	98
	綠豆芽（生）	250公克（1袋）	4.3	35	3.2	（0）	25
	萵苣（結球葉、生）	500公克（1顆）	3	60	8.5	（0）	95
	蓮藕（根莖、生）	100公克	1.9	66	13.5	（0）	20

薯類

分類	品名	分量	蛋白質（公克）	能量（大卡）	醣類（公克）	維生素D（微克）	鈣質（毫克）
薯類	蕃薯（塊根、生）	200公克（1顆）	1.8	280	60.6	（0）	80
	里芋（球莖、生）	50公克（1顆）	0.8	29	5.4	（0）	5
	馬鈴薯（塊莖、生）	100公克（1顆）	1.8	76	8.4	（0）	4
	長山藥（塊根、生）	200公克（1根）	4.4	130	25.8	（0）	34
	蒟蒻塊（精製蒟蒻粉）	300公克（1塊）	0.3	15	0.3	（0）	130
	蒟蒻絲	150公克（1袋）	0.3	9	0.1	（0）	110

菇類

分類	品名	分量	蛋白質（公克）	能量（大卡）	醣類（公克）	維生素D（微克）	鈣質（毫克）
菇類	金針菇（生）	100公克（1袋）	2.7	22	3.7	0.9	Tr
	杏鮑菇（生）	40公克（1根）	1.1	8	1	0.5	Tr
	滑菇（生）	100公克（1袋）	1.8	15	2	0	4
	香菇（生）	15公克（1個）	0.5	3	0.3	0.1	Tr
	乾香菇	4公克（1個）	0.8	7	0.9	0.5	Tr
	鴻喜菇（生）	100公克（1袋）	2.7	17	1.8	0.5	1
	舞菇（生）	100公克（1袋）	2	15	0.9	4.9	Tr
	木耳（乾）	5公克（20個）	0.4	8	0.7	4.3	16
	蘑菇（生）	100公克（8個）	2.9	11	0.1	0.3	3

海藻類

分類	品名	分量	蛋白質（公克）	能量（大卡）	醣類（公克）	維生素D（微克）	鈣質（毫克）
海藻類	石蓴（陰乾）	5公克	1.1	7	0.6	（0）	25
	青海苔（陰乾）	5公克	1.5	8	0.3	（0）	38
	烤海苔	3公克（1片）	1.2	6	0.2	（0）	8
	調味海苔	0.4公克（1小片）	0.2	1	0.1	（0）	1
	岩海苔（陰乾）	5公克	1.7	8	0.2	（0）	4
	籠目昆布（陰乾）	5公克	0.4	7	1.4	（0）	38
	昆布（陰乾）	10公克	0.6	15	3.2	（0）	78
	昆布絲	3公克	0.2	3	0.2	（0）	28
	鹽昆布	5公克	0.8	6	1.7	（0）	14
	昆布（佃煮）	20公克	1.2	34	5.3	0	30
	水雲褐藻（鹽醃、去鹽）	50公克	0.1	2	0	（0）	11

分類	品名	分量	蛋白質（公克）	能量（大卡）	醣類（公克）	維生素D（微克）	鈣質（毫克）
海藻類	海帶（生）	50公克	1	8	1.0	（0）	50
	海帶片	10公克	1.8	14	0.6	0	82
	海帶芽莖（水煮後鹽醃、去鹽）	50公克	0.6	8	0.2	（0）	43
	海帶根（生）	50公克	0.5	6	0	（0）	39
	羊栖菜（乾）	10公克	0.9	15	0.6	（0）	100
	海葡萄（生）	60公克（1包）	0.3	2	0.2	（0）	20
	寒天麵	100公克	0.2	2	0	（0）	4
	寒天	100公克	Tr	3	0	（0）	10

水果類

分類	品名	分量	蛋白質（公克）	能量（大卡）	醣類（公克）	維生素D（微克）	鈣質（毫克）
水果類	酪梨（新鮮）	120公克（1顆）	3	224	1	（0）	11
	草莓（新鮮）	6公克（1顆）	0.1	2	0.4	（0）	1
	梅干（鹽漬）	12公克（1顆）	0.1	4	0.9	（0）	8
	蜜柑（果肉、新鮮）	100公克（1顆）	0.7	45	11.1	（0）	15
	柳橙（果肉、新鮮）	140公克（1顆）	1.4	5.5	12.6	（0）	29
	奇異果（新鮮）	70公克（1顆）	0.7	37	7.7	（0）	23
	葡萄柚（果肉、新鮮）	200公克（1顆）	1.8	76	18	（0）	30
	櫻桃（日本國產、新鮮）	8公克（1顆）	0.1	5	1.1	（0）	1
	梨子（新鮮）	300公克（1顆）	0.9	129	31.2	（0）	6
	鳳梨（新鮮）	400公克（1顆）	2.4	212	50	（0）	44
	芒果（新鮮）	400公克（1顆）	2.4	256	62.4	（0）	60
	香蕉（新鮮）	100公克（1根）	1.1	86	21.4	（0）	6

分類	品名	分量	蛋白質（公克）	能量（大卡）	醣類（公克）	維生素D（微克）	鈣質（毫克）
水果類	葡萄（新鮮）	150公克（1串）	0.6	89	22.7	（0）	9
	桃子（新鮮）	200公克（1顆）	1.2	80	17.8	（0）	8
	蘋果（帶皮、新鮮）	250公克（1顆）	0.5	153	35.7	（0）	10

菜餚

分類	品名	分量	蛋白質（公克）	能量（大卡）	醣類（公克）	維生素D（微克）	鈣質（毫克）
菜餚	日式炸雞	90公克（約3塊）	21.8	282	11.3	0.2	10
	炸雞塊	100公克（約10塊）	15.5	194	13.7	0.2	48
	炸豬排（里肌）	100公克	22	450	9.1	0.7	14
	烤豬肉	100公克	19.4	172	5.1	0.6	9
	肝醬	50公克	6.5	189	1.8	0.2	14
	烤牛肉	150公克	32.6	294	1.4	0.2	9
	餃子	100公克（約5個）	7.1	197	23.8	-	30
	漢堡	100公克	13.3	223	12.3	-	38
	焗烤	200公克	9.6	266	26.6	-	130
	雞肉丸	90公克（約2串）	13.7	203	6.7	0.4	30
	燒賣	100公克（約4個）	9.3	215	19.3	-	30
	牛肉乾	80公克	43.8	252	5.1	0.2	10
	煙燻牛舌	80公克	14.5	226	0.7	0.2	5
	烤鮭魚	80公克	20.2	206	0.3	16.8	13
	鹽烤花魚	150公克	34.7	300	0.3	5.3	270
	炸竹筴魚	80公克	16.1	221	6.3	5.6	80
	炸蝦	100公克	9.1	292	18.1	-	42

分類	品名	分量	蛋白質（公克）	能量（大卡）	醣類（公克）	維生素D（微克）	鈣質（毫克）
菜餚	炸花枝	100公克	12.1	329	24.5	-	16
	炸牡蠣	80公克（3個）	6.1	210	26.3	0.1	54
	毛豆	20公克	2.3	27	0.9	（0）	15

罐頭

分類	品名	分量	蛋白質（公克）	能量（大卡）	醣類（公克）	維生素D（微克）	鈣質（毫克）
罐頭	水煮大豆罐頭	100公克	12.9	140	0.9	（0）	100
	蘆筍罐頭	100公克	2.4	22	2.6	（0）	21
	竹筍罐頭	100公克	2.7	23	1.7	（0）	19
	玉米粒罐頭	100公克	2.3	82	14.5	（0）	2
	番茄罐頭	100公克	0.9	20	3.1	（0）	9
	蘑菇罐頭	100公克	3.4	14	0.1	0.4	8
	沙丁魚罐頭（水煮）	100公克	20.7	188	0.1	6	320
	沙丁魚罐頭（調味）	100公克	20.4	212	5.7	20	370
	沙丁魚罐頭（油漬）	100公克	20.3	359	0.3	7	350
	鯖魚罐頭（水煮）	100公克	20.9	190	0.2	11	260
	鯖魚罐頭（味噌）	100公克	16.3	217	6.6	5	210
	秋刀魚罐頭（調味）	100公克	18.9	268	5.6	13	280
	秋刀魚罐頭（蒲燒）	100公克	17.4	225	9.7	12	250
	蛤蜊罐頭（水煮）	100公克	20.3	114	1.9	（0）	110
	蛤蜊罐頭（調味）	100公克	16.6	130	11.5	（0）	87
	扇貝罐頭（水煮）	100公克	19.5	94	1.5	（0）	50
	松葉蟹罐頭（水煮）	100公克	16.3	73	0.2	（0）	68

分類	品名	分量	蛋白質（公克）	能量（大卡）	醣類（公克）	維生素D（微克）	鈣質（毫克）
罐頭	鯷魚罐頭	100公克	24.2	158	0.1	1.7	150
	鹹牛肉罐頭	100公克	19.8	203	1.7	0	15
	烤雞罐頭	100公克	18.4	177	8.2	0	12
	鮪魚罐頭（油漬）	70公克（1罐）	12.4	187	0.1	1.4	3

糕點

分類	品名	分量	蛋白質（公克）	能量（大卡）	醣類（公克）	維生素D（微克）	鈣質（毫克）
糕點	長崎蛋糕	100公克	6.2	319	62.6	Tr	29
	銅鑼燒	100公克	6.6	284	55.6	0.6	23
	生八橋〔豆沙餡〕	100公克	4.5	279	61.3	0	11
	最中	100公克	4.8	285	62.5	0	12
	豆沙羊羹	100公克	3.6	296	66.9	0	15
	醬油仙貝	100公克	7.8	373	82.3	-	13
	泡芙	100公克	6	228	25.3	1.1	85
	鮮奶油蛋糕（無水果）	100公克	7.1	327	43	0.2	32
	塔（西式糕點）	100公克	4.2	262	30.4	0.3	84
	烤起司蛋糕	100公克	8.5	318	23.1	0.6	54
	甜甜圈	100公克	7.2	375	58	0.7	44
	蘋果派	100公克	4	304	31.4	0.2	6
	法式酥餅	100公克	6.1	465	71.7	-	36
	洋芋片	100公克	4.7	554	50.5	-	17
	牛奶巧克力	100公克	6.9	558	51.9	1	240

調味料

分類	品名	分量	蛋白質（公克）	能量（大卡）	醣類（公克）	維生素D（微克）	鈣質（毫克）
調味料	濃口醬油	15公克	1.2	12	1.2	（0）	4
	淡口醬油	15公克	0.9	9	0.9	（0）	4
	昆布高湯	15公克	0	1	0.1	-	0
	中華高湯	15公克	0.1	0	Tr	-	0
	西式高湯	15公克	0.2	1	0	-	1
	和風高湯粉	15公克	3.6	34	4.7	0.1	6
	麵露（三倍濃厚）	15公克	0.7	15	3	（0）	2
	桔醋醬油	15公克	0.5	7	1.2	0	4
	伍斯特醬	15公克	0.2	18	4	（0）	9
	中濃醬	15公克	0.1	20	4.4	（0）	9
	濃厚炸豬排醬	15公克	0.1	20	4.4	（0）	9
	番茄醬	15公克	0.2	18	3.8	0	2
	豆瓣醬	5公克	0.1	3	0.2	（0）	2
	辣油	15公克	0	138	Tr	（0）	Tr
	蠔油	15公克	1.2	16	2.7	-	4
	魚露	15公克	1.4	7	0.4	0	3
	和風沙拉醬	15公克	0.3	30	0.8	-	2
	芝麻沙拉醬	15公克	1.3	54	2.6	0	62
	法式沙拉醬	15公克	0	61	0.9	0	0
	千島沙拉醬	15公克	0.2	62	1.4	0	2

國家圖書館出版品預行編目資料

趣味蛋白質：從蛋白質的作用到每日需求量，認識減重、肌力及健康絕不可缺的「蛋白質」！／藤田聰著；高慧芳譯.
— 初版. — 臺中市：晨星出版有限公司，2022.05
面；公分. —（知的！；187）

譯自：眠れなくなるほど面白い 図解 たんぱく質の話

ISBN 978-626-320-107-1（平裝）

1.CST: 蛋白質　2.CST: 健康飲食　3.CST: 減重

399.7　　111003314

知的！187

趣味蛋白質

從蛋白質的作用到每日需求量，認識減重、肌力及健康絕不可缺的「蛋白質」！

眠れなくなるほど面白い 図解 たんぱく質の話

作者 藤田聰
內文圖版 成富英俊 岡田聰美 中多由香 日笠榛佳 益子航平（I'll products）
譯者 高慧芳
編輯 吳雨書
封面設計 ivy_design
美術設計 曾麗香

創辦人 陳銘民
發行所 晨星出版有限公司
407台中市西屯區工業30路1號1樓
TEL：（04）23595820
FAX：（04）23550581
http://star.morningstar.com.tw
行政院新聞局局版台業字第2500號
法律顧問 陳思成律師
初版 西元2022年5月15日 初版1刷

讀者服務專線 TEL：（02）23672044 /（04）23595819#212
讀者傳真專線 FAX：（02）23635741 /（04）23595493
讀者專用信箱 service @morningstar.com.tw
網路書店 http://www.morningstar.com.tw
郵政劃撥 15060393（知己圖書股份有限公司）

印刷 上好印刷股份有限公司

掃描QR code填回函，
成爲晨星網路書店會員，
即送「晨星網路書店Ecoupon優惠券」
一張，同時享有購書優惠。

定價350元

（缺頁或破損的書，請寄回更換）
版權所有・翻印必究

ISBN 978-626-320-107-1
"NEMURENAKUNARUHODO OMOSHIROI ZUKAI TANPAKUSHITSU NO HANASHI"
supervised by Satoshi Fujita
Copyright © NIHONBUNGEISHA 2019
All rights reserved.
First published in Japan by NIHONBUNGEISHA Co., Ltd., Tokyo

This Traditional Chinese edition is published by arrangement with NIHONBUNGEISHA Co., Ltd., Tokyo in care of Tuttle-Mori Agency, Inc., Tokyo through Future View Technology Ltd., Taipei.